国家自然科学基金资助项目（81903396）研究成果

# 基于定量分析模型的伤害死亡趋势研究

王震坤　著

WUHAN UNIVERSITY PRESS

武汉大学出版社

**图书在版编目(CIP)数据**

基于定量分析模型的伤害死亡趋势研究/王震坤著.—武汉:武汉大学出版社,2022.8

ISBN 978-7-307-23099-6

Ⅰ.基… Ⅱ.王… Ⅲ.伤亡事故—研究—中国 Ⅳ.X928.9

中国版本图书馆 CIP 数据核字(2022)第 088696 号

责任编辑:胡 艳　　责任校对:李孟潇　　版式设计:马 佳

出版发行:**武汉大学出版社**　　(430072　武昌　珞珈山)

(电子邮箱:cbs22@whu.edu.cn　网址:www.wdp.com.cn)

印刷:武汉邮科印务有限公司

开本:720×1000　1/16　印张:10　字数:162千字　插页:1

版次:2022年8月第1版　　2022年8月第1次印刷

ISBN 978-7-307-23099-6　　定价:40.00元

# 前　言

伤害(道路交通伤害、自我伤害、跌落、溺水等)是全球性的重要公共卫生问题。据 WHO 报道，全世界每年有大约 580 万人死于伤害，占到每年全球总死亡人数的 10%左右；因伤害而死亡的人数比死于疟疾、结核病和艾滋病的总人数还要多出 35%。不论是发达国家还是发展中国家，伤害都是前五位死亡原因之一。在我国，伤害是居民的第五位死亡原因以及 1~14 岁人群的首位死亡原因，每年大约有 70 万人死于各类伤害，占全部死亡人数的 11%。有调查表明，我国每年有大约 7500 万人因伤害需要到急诊和门诊接受治疗，其中约有 1500 万人需要接受住院治疗；每年伤害导致的医疗费用和因伤误工费用保守估计约为 1343 亿元。伤害不仅对我国人民的健康构成重大威胁，还对社会经济发展造成严重负担。

目前，伤害已被公认为是一类重要的健康问题，它与其他疾病一样具有发生、发展规律以及危险因素，是可以预防的。伤害由于具有为常见、多发、突发、致残率和死亡率高等特点，严重地威胁到人民的健康与安全，已经越来越为国际社会、各国政府和公众所重视。许多国家的实践经验证明，如果能通过公共卫生学方法和手段掌握伤害的流行特点和其他信息，并采取适当的预防措施，就可以有效地预防和控制伤害，而且其效果远比预防和控制其他疾病效果明显。

死亡是伤害所导致的一个最为严重且容易测量的结果，研究伤害死亡的特点和趋势对于预防和控制伤害以及降低其死亡率甚至发生率，具有重大的现实意义。国内外传统意义上对于伤害的统计分析工作基本集中在死亡率的统计和死因构成分析等方面，尽管这些简单的描述性手段可以用来了解伤害死亡分布规律及其随时间的变化趋势，但它们既无法判断出上升或下降的趋势是否具有统计学意义，以避免主观上的判断，也无法进一步区分年龄、时期和队列对伤害死亡率变化趋势的影响，以探究变化趋势背后潜藏着的可能影响因素。

为此，本书在全面分析中国人群伤害死亡水平、死因及其特点的基础上，利用各类定量分析模型分析总伤害及四种主要伤害死亡率的时间变化趋势，估计对伤害死亡风险影响的年龄效应、时期效应和队列效应，探讨伤害死亡率发生变化的可能原因及各种影响因素，以期为我国伤害死亡的防控工作提供有益参考。

具体而言，本书主要内容可分为如下四个部分：（1）利用 GBD 2015 提供的伤害死亡和人口数据，采用直接标化法对伤害死亡率进行标准化，分析我国伤害死亡的构成情况以及不同年龄组人群所面临的主要伤害类型，比较我国人群伤害死亡谱，以及不同伤害类型死亡构成比例在不同年份的变化情况；（2）对 1990—2015 年我国伤害死亡率及四种主要伤害死亡率变化趋势进行描述，应用联结点回归模型对其趋势进行区段分析，识别不同区段内上升或下降的趋势是否具有统计学意义，并通过对死亡率的对数转换线性回归分析计算其年度变化百分比；（3）在系统比较现有年龄-时期-队列模型各类参数估计方法的特点与不足的基础上，深入研究并整合了年龄-时期-队列模型的可估计函数法理论，阐明其特点与其所具备的优势，在统一的框架内系统验证常见几类函数的可估计性，并在此基础上引出解释性较强的几类较新可估计函数；（4）应用年龄-时期-队列模型的可估计函数法分析中国人群的伤害死亡率及四种主要伤害死亡率趋势，将死亡风险分解为年龄效应、时期效应和队列效应三个方面，根据研究结果探讨伤害死亡率发生变化的可能原因及各种影响因素。

本书的撰写得到了美国国家暴力与伤害研究学会（The Society for Advancement of Violence and Injury Research，SAVIR）主席 Henry Xiang（向惠云）教授与武汉大学全球健康研究中心宇传华教授的悉心指导与大力支持。本书的出版得到笔者主持的国家自然科学基金项目（81903396）资助。

书中不足之处在所难免，诚请各位专家与读者提出宝贵的批评意见。

王震坤

2022 年 5 月

# 目　　录

# 第1章 导 论

## 1.1 研究背景及缘起

### 1.1.1 基本概念

广义而言，伤害是指人的身体组织或思想感情所遭受到的任意损害。在医学上，伤害（injury）一般被认为是各种实践或事故对人体所造成的损伤（impairment），这种损伤具有突然性，影响人们的正常活动，甚至使人们需要看护或医治。世界卫生组织（World Health Organization，WHO）对伤害进行了较为详细的定义：伤害是指由于人体突然暴露于在数量上或是速度上超过其生理耐受阈值量（threshold of physiological tolerance）的能量（如机械能、热能、电能、化学物质或电离辐射等）时机体所受到的物理损伤（physical damage）；在某些情况（如溺水和冻伤）下，伤害也可以因缺少一种或多种必需物质（如氧气或热能等）而产生。本研究采用 WHO 的定义来界定伤害。

通常，对于伤害的分类有很多种，根据伤害意图分类、根据伤害严重程度分类以及根据导致伤害发生的事件性质分类是三种较为主要的方法。其中，根据伤害意图分类是一种简单而常见的分类方法，通常包括以下三种类型：意外伤害（unintentional injuries）、故意伤害（intentional injuries）、意图不明伤害（undetermined injuries）；根据伤害严重程度，伤害则大致可以分为三种情况：轻微伤害（minor injuries）、严重伤害（severe injuries）、致命伤害（fatal injuries）；根据导致伤害发生的事件的性质，伤害又可以进行如下分类：机动车碰撞、职业性伤害/工作场所伤害、暴力伤害或他杀、性侵犯、火器伤害、自杀或自杀未遂、恐怖活动、战争或暴乱、执法干预、跌落，等等。目前，作为世界上应用最为广泛的死因分类系统，国际疾病分类（International Classification of Diseases，ICD）对各类伤害具体分类编码就是结合意图和发生进行的划分。ICD 对伤害的分类被广泛应用于临床病例信息、流行病学调查以及死因监测系统等，本研究以 ICD 编码为基础对伤害进行分类，以便研究特定伤害类型的分布与趋势。

## 1.1.2　目前形势

伤害是一个全球性的重要公共卫生问题。据 WHO 报道，全世界每年有大约 580 万人死于伤害，这占到每年全球总死亡人数的 10% 左右；因伤害而死亡的人数比死于疟疾、结核病和艾滋病（HIV/AIDS）的总人数还要多出 35%。在这死于伤害的 580 万人中，因自杀或他杀而死的人数超过了 1/4，而因道路交通伤害而死的人数也将近有 1/4，其他主要伤害死因分别为跌落、溺水、烧伤、中毒以及战争。伤害对于世界上任何一个国家的国民健康都具有很大的威胁，不论在发达国家还是发展中国家，伤害都是位列前五位的死亡原因之一。但伤害对于发展中国家的威胁更为严峻，资料表明[①]，超过 90% 的伤害死亡发生在中低收入国家，并且一般来看，经济收入较低的国家其伤害死亡率比经济收入较高的国家要高。所有年龄阶段的人都会受到伤害的威胁，但有些人群属于高危人群。伤害是儿童和青少年的主要死亡原因；而在 15~29 岁人群中，前 15 位的死亡原因里与伤害有关的占到 7 个[②]。据估计，每一个因伤害而死的案例背后，有数十个住院案例、数百个急诊案例以及数千个门诊案例；而在这些伤害的幸存者中，不少人会出现暂时性或永久性的伤残，或是遭受其他后果（诸如抑郁和行为改变等），伤害导致的伤残每年全世界数以千万计。而根据目前的趋势，全世界伤害的负担在接下来的几十年间很可能会继续加重，尤其是对于中、低收入的国家来说。在我国，伤害是居民的第五位死亡原因（仅次于恶性肿瘤、心脏病、脑血管疾病和呼

---

① World Health Organization. Injuries and violence：the facts[J]. World Health Organization，2010，16(6).

② Krug E G. Injury surveillance is key to preventing injuries[J]. Lancet，2004，364(9445)：1563.

吸系统疾病）[①]，以及 1~14 岁人群的首位死亡原因[②]，每年大约有 70 万人死于各类伤害，占全部死亡人数的 11%[③]。在我国的各类伤害中，死亡率最高的三类依次为自杀、交通事故和溺水[④]。另有调查表明，我国每年有大约 7500 万人因伤害需要到急诊和门诊接受治疗，其中约有 1500 万人需要接受住院治疗；每年伤害导致的医疗费用和因伤误工费用保守估计约为 1343 亿元。[⑤]

## 1.1.3 研究缘起

在以往相当长的时间里，伤害被认为是"不可预知"也"无法避免"的意外遭遇（accidents），而并不被认为是一类疾病。但事实上，绝大多数伤害呈现出非随机的模式（non-random patterns），并且具有可识别的危险因素，伤害的发生并不是偶然的事故。1996 年，WHO、美国哈佛大学公共卫生学院、美国健康测量和评估研究所（Institute for Health Metrics and Evaluation，IHME）、世界银行的专家合作发表了"全球疾病负担"（Global Burden of Disease，GBD）系列研究报告（GBD 1990），该研究首次将所有疾病划分为三大类：传染病、妇幼疾病与营养缺乏性疾病，非传染性病，伤害。这种分类方式得到了世界卫生组织的认同和推荐。目前，伤害已被公认为一类重要的疾病，它具有发生、发展规律以及危险因素，并且是可以被预防的。伤害由于具有为常见、多发、突发、致残率和死亡率高等特点，严重威胁到人民的健康与安全，已经越来越为国际社会、各国政府和公众所重视。许多国家的实践经验证明，如果能通过公共卫生学方法和手段掌握伤害的流行特点和其他信息，并采取适当的预防措施，就可以有效地预防和控制伤害，而且其效果远比预防和控制其他疾病效果明显。

死亡是伤害所导致的一个最为严重且容易测量的结果，研究伤害死亡的特点

① 宁佩珊，程勋杰，张林，等. 1990—2010 年中国人群伤害死亡率变化分析[J]. 中华流行病学杂志，2015，36(12)：1387-1390.

② 殷大奎. 伤害——一个重要的公共卫生问题[J]. 中华疾病控制杂志，2000，4(1)：1-3.

③ 李志义，郭祖鹏，黄红儿，等. 我国伤害预防与控制的现状[J]. 中国慢性病预防与控制，2007，15(2)：181-183.

④ 黄庆道，王声涌. 伤害的预防与控制[M]. 广州：广东省地图出版社，2001.

⑤ 王声湧. 中国伤害研究和伤害控制工作的进展[J]. 伤害医学(电子版)，2012，01(1)：1-6.

和趋势对于预防和控制伤害以及降低其死亡率甚至发生率具有重大的现实意义。传统意义上对于伤害的统计分析工作基本集中在死亡率的统计和死因构成分析等方面，尽管这些简单的描述性手段可以用来了解伤害死亡分布规律以及其随时间的变化趋势，但它们既无法判断出上升或下降的趋势是否具有统计学意义，以避免主观上的判断，也无法进一步区分年龄、时期和队列对伤害死亡率变化趋势的影响，以探究变化趋势背后潜藏着的可能影响因素。为此，本研究拟在全面分析中国人群伤害死亡水平、死因及其特点的基础上，利用联结点回归模型分析总伤害及四种主要伤害死亡率的时间变化趋势，并通过年龄-时期-队列模型估计对伤害死亡风险影响的年龄效应、时期效应和队列效应，探讨伤害死亡率发生变化的可能原因及各种影响因素，以期为今后我国伤害死亡的防控工作提供有益参考。

## 1.2 　国内外研究现状

### 1.2.1 　国外相关研究现状

WHO 和世界各国对于全球范围、不同地区、不同国别，以及国家以下不同行政区内全人群或某一特定群体的总伤害死亡率或特定伤害类型死亡率趋势均有大量的简单描述性分析研究，在此本书不对其进行赘述。目前国外应用定量分析模型（联结点回归模型和年龄-时期-队列模型）对肿瘤或慢性非传染性疾病的发病和死亡趋势的研究甚多。而在伤害死亡趋势的研究领域中，联结点回归模型的应用较多；尽管在国际伤害领域权威著作《伤害研究：理论、方法和手段》（*Injury Research：Theories，Methods，and Approaches*）一书中专门用一整章介绍了年龄-时期-队列模型的基本理论和在伤害领域内的应用前景，但由于其原理和应用相对较为复杂，年龄-时期-队列模型在伤害死亡趋势的研究领域内相对较少。

具体来说，国际上对于联结点回归模型在伤害死亡趋势的应用研究主要有：

（1）全人口研究。Jemal A. 等（2005）应用联结点回归模型分析了美国 1970—2002 年主要死因死亡率的变化趋势，其中包括包括意外伤害（交通伤害以及跌落、火灾和中毒）的死亡率；Fingerhut L. A. 等（2008）应用联结点回归模型分析了美国 1999—2005 年三种主要伤害（道路交通伤害、中毒、火器伤害）死亡率的变化趋势；Richter E. D. 等（2005）应用联结点回归模型分析比较了英国和美国 1990—1999 年道路交通伤害致死率的变化趋势；Bandi P. 等（2015）应用联结点回归模型分析了美国 1968—2010 年机动车事故死亡率的变化趋势；Dharmaratne S. D. 等（2015）应用联结点回归模型分析了斯里兰卡 1938—2013 年道路交通伤害死亡率的变化趋势；Brazinova A. 等（2016）应用联结点回归模型分析了斯洛伐克共和国 1996—2014 年道路交通死亡率的变化趋势；Lopez-Charneco M. 等（2011）应用联结点回归模型分析了波多黎各 2000—2007 年机动车事故死亡率的变化趋势；Chang S. S. 等（2009）应用联结点回归模型分析比较了日本、韩国、新加坡、泰国，以及我国香港、台湾地区 1985—2006 年自杀率的变化趋势，并探究其是否受到了东南亚 1997—1998 年金融危机的影响；Puzo Q. 等（2016）应用联结点回归模型分析了挪威 1969—2012 年不同方式自杀死亡率的长期变化趋势；Hergerl U. 等（2013）应用联结点回归模型分析了德国 1991—2006 年自杀死亡率的变化趋势；Yoshioka E. 等（2016）应用联结点回归模型分析了日本 1990—2011 年不同方式自杀死亡率的变化趋势；Cha E. S. 等（2015）应用联结点回归模型分析了韩国 1991—2012 年农药自杀死亡率的变化趋势；Sung K. C. 等（2014）应用联结点回归模型分析了美国 1980—2010 年因意外跌落导致的颅脑损伤死亡率的变化趋势；Orces C. H. 等（2011）应用联结点回归模型分析了美国得克萨斯州 1990—2007 年髋骨骨折伤死亡率的变化趋势；Fowler K. A. 等（2015）应用联结点回归模型分析了美国 1993—2012 年火器伤害死亡率的变化趋势；Fontcha D. S.（2015）应用联结点回归模型分析了美国 1998—2011 年工业相关伤害死亡率的变化趋势；Margaret W. 等（2012）应用联结点回归模型分析了美国 1999—2009 年药物中毒死亡率的变化趋势，并探究了城镇化与地理区域与其的联系。

（2）特定人群。Kramarow E. 等（2015）应用联结点回归模型分析了美国 2000—2013 年 65 岁以上老年人意外伤害死亡率的变化趋势；Murphy T. 等（2014）应用联结点回归模型分析了美国 1990—2009 年印第安裔和阿拉斯加裔人伤害死亡率和白人伤害死亡率的变化趋势；Parkkari J. 等（2016）应用联结点回归模型分析了芬兰 1971—2013 年青少年伤害死亡率的变化趋势；Barrio G. 等（2014）应用联结点回归模型分析了西班牙 2001—2011 年道路交通伤害死亡中酒驾司机死亡率的变化趋势；Gagne M. 等（2010）应用联结点回归模型分析了加拿大魁北克省 1981—2006 年男性自杀率的变化趋势并探究了其与枪支管制的联系；Tamosiunas A. 等(2006)应用联结点回归模型分析了黎巴嫩 1984—2003 年城市人口自杀死亡率的变化趋势；此外，美国国家疾病控制与预防中心的《发病率与死亡率周报》(Morbidity and Mortality Weekly Report，MMWR)也经常应用联结点回归模型对国内伤害死亡率进行分析，例如，Spies E. L. 等(2016)对于美国 1999—2014 年 5 岁以下儿童致命的虐待性头部外伤死亡率变化趋势的研究；Sullivan E. M. 等(2015)对于美国 1994—2012 年 10～24 岁人群自杀死亡率变化趋势的研究。

国际上对于年龄-时期-队列模型在伤害死亡趋势领域的应用研究主要有：G. Li 等(2001)应用年龄-时期-队列模型分析了美国 1910—1994 年机动车事故死亡率的变化趋势，利用可估计函数法对其死亡风险的年龄效应、时期效应和队列效应进行估计；C. Shaphar 等(1999)应用年龄-时期-队列模型分析了美国 1935—1994 年他杀死亡率的变化趋势，利用任意约束法对其死亡风险的年龄效应、时期效应和队列效应进行估计；J. A. Phillips(2014)应用年龄-时期-队列模型分析了美国 1935—2010 年自杀死亡率的变化趋势，利用内生因子法对其死亡风险的年龄效应、时期效应和队列效应进行估计；L. Thibodeau(2015)应用年龄-时期-队列模型分析了加拿大与魁北克省 1926—2008 年自杀死亡率的变化趋势，利用内生因子法对其死亡风险的年龄效应、时期效应和队列效应进行估计；V. Ajdacic-Gross 等(2006)应用年龄-时期-队列模型分析了瑞士 1881—2000 年自杀死亡率的变化趋势，利用任意约束法对其死亡风险的年龄效应、时期效应和队列效应进行估计；P. Allebeck 等(1996)应用年龄-时期-队列模型分析了瑞典 1952—1992 年自杀死亡率的变化趋势，利用任意约束法对其死亡风险的年龄效应、时期效应和队列效应进行估计；Y. Odagiri 等(2011)应用年龄-时期-队列模型分析了日本 1985—2006 年自杀死亡率的变化趋势，利用贝叶斯法对其死亡风险的年龄效应、时期效应和队列效应进行估计；C. Park 等(2016)应用年龄-时期-队列模型分析了韩国 1984—2013 年自杀死亡率的变化趋势，利用内生因子法对其死亡风险的年龄效应、时期效应和队列效应进行估计。

## 1.2.2　国内相关研究现状

目前国内对于伤害死亡率变化趋势的相关研究绝大部分都是采用简单的描述

性分析方法对全人群或某一特定群体的总伤害死亡率或特定伤害类型死亡率进行分析，并且其研究范围绝大部分是区域性研究，主要集中在中国地市级及以下的区域。这些研究数量较多，它们虽然揭示了当地全人群或某一特定群体的总伤害死亡率或特定伤害类型死亡率的变化趋势，为当地卫生机构和相关部门的伤害防治和评价工作提供了依据，但由于其代表性极其有限，这些区域性伤害研究很难对国家层面的卫生相关决策提供有益参考。

我国省级层面对全人群或某一特定群体的总伤害死亡率或特定伤害类型死亡率化趋势的研究主要集中在广东省、江苏省、安徽省、四川省、河南省、云南省、贵州省、宁夏回族自治区。这些省级伤害研究除了高亚礼等（2009）对于四川省死因监测点 1989—2008 年伤害死亡变化趋势的研究外，其他研究的研究时期均较早且绝大部分研究的是该省 2000 年以前的伤害死亡趋势，它们对于了解现如今我国伤害死亡率变化趋势的帮助较为有限。

针对中国国家层面对全人群或某一特定群体的总伤害死亡率或特定伤害类型死亡率变化趋势的研究较为有限，主要有下列研究：

宁佩珊等（2015）分析了中国人群 1990—2010 年伤害死亡率的变化趋势。研究发现，该时期内我国人群伤害死亡率总体呈下降趋势，并且女性的下降幅度高于男性，0~4 岁高于其他年龄段，除道路交通伤害死亡率有显著上升外，其他类型伤害均有所下降。

接潇等（2015）分析了我国 2004—2010 年伤害死亡的变化趋势及其疾病负担。研究发现，在此期间男性与女性伤害死亡率及死因构成都呈现明显的下降趋势，但男性的死亡率和死因构成比例均显著高于女性，居民伤害死因顺位前三位是交通事故、自我伤害和意外跌落。

杨功焕等（2004）分析了中国人群 1991—2000 年伤害死亡的变化趋势。研究发现，这十年间我国伤害死亡情况基本维持在恒定水平，其中交通事故死亡率上升明显，至 2000 年，已成为首位伤害死因；另外，杨功焕等人还分析了中国人群在 1991—1995 年意外伤害水平和变化趋势。研究发现，这 5 年间伤害的总死亡水平基本没有变化，但其中交通事故和他杀的死亡率上升明显。

曹卫华等（2000）分析了我国城乡人群 1990—1997 年伤害死亡率的变化趋势。研究发现，在这 8 年间城市伤害死亡率呈下降趋势而农村的伤害死亡率呈上升趋势，农村人群伤害死亡率为城市的 2 倍左右，且该差距随时间呈现加大趋势，城市自杀死亡率呈下降趋势而农村则相反，机动车交通事故死亡率在城乡均呈上升趋势。

池桂波等（2007）、肖婷婷（2007）、杨科等（2014）、段蕾蕾等（2007）、张徐军等（2007）、王畅等（2011）分别分析了中国道路交通伤害的长期趋势。研究均表明，中国道路交通伤害十万人口死亡率经过半个世纪的持续上升后，自从 2003 年开始出现下降的趋势。

目前，我国应用定量分析模型对于伤害死亡率变化趋势的相关研究较少，且其中暂无国家层面和省级层面（台湾和香港地区除外）的应用。国内对于联结点回归模型在伤害死亡趋势领域的应用研究主要有：

孙晓凯等（2008）用联结点回归和泊松回归分析探讨了江苏省盐城市大丰区 1976—2006 年居民伤害的死亡趋势，发现大丰区居民伤害死亡率虽有下降趋势，但交通事故死亡率上升迅速，其中男性 1995 年前和女性 1996 年前交通事故死亡率的上升均具有统计学意义。

王良友等（2016）应用联结点回归模型分析了浙江省台州市 2010—2014 年居民伤害死亡率的变化趋势，发现居民意外跌落、淹死、自杀、其他意外事故和有害效应的标化死亡率均呈下降趋势且均有统计学意义，而机动车辆交通事故标化死亡率虽呈下降趋势，但却不具有统计学意义。

周曦斓等（2015）应用联结点回归模型分析了上海市浦东新区 2002—2010 年居民伤害死亡率的变化趋势，发现居民伤害标化死亡率及男女标化死亡率均呈现下降趋势且具有统计学意义。

陈亦晨等（2016）应用联结点回归模型分析了上海市浦东新区 2002—2013 年劳动适龄人口伤害死亡率的变化趋势，发现劳动适龄人口运输事故、自杀及意外中毒呈现逐年下降的趋势且具有统计学意义，而意外跌落及溺水死亡则无显著性下降趋势。

Shao Y. 等（2016）应用联结点回归模型分析了上海市嘉定区 2003—2013 年老年人自杀死亡率的变化趋势，发现 2003—2011 年间 65 岁及以上的女性自杀死亡率和 2003—2008 年间 65 岁以下的男性自杀死亡率呈现出具有统计学意义的下降趋势。

这些采用联结点回归模型分析伤害死亡率变化趋势的研究相对于前文那些采用简单描述性分析的研究要更加进步，这是因为通过模型拟合可以把趋势变化分成若干有统计学意义的趋势区段，此种基于数据处理的分段方式比人为分段要更加科学与合理。

国内对于年龄-时期-队列模型在伤害死亡趋势领域的应用研究主要有：

**Chung L. Y.** 等（2016）应用年龄-时期-队列模型分析了我国香港地区居民1976—2010年自杀死亡率的变化趋势，利用任意约束法对其死亡风险的年龄效应、时期效应和队列效应进行估计。该研究表明，由于较年轻出生队列的自杀死亡风险更多，加上自杀死亡率的年龄效应特点，未来随着这些较年轻出生队列的人群不断成长，其自杀死亡率会呈上升趋势。

梁瀞芳（2011）应用年龄-时期-队列模型分析了我国台湾地区居民1977—2006年自杀死亡率的变化趋势与老龄化之间的关系，利用任意约束法对其死亡风险的年龄效应、时期效应和队列效应进行估计。该研究发现，我国台湾地区居民自杀趋势在20~24岁和60~74岁的生命阶段分别出现高峰，时期效应自1992—1994年以后呈现出上升趋势，较年长出生队列的自杀死亡风险相对于较年轻出生队列的自杀死亡风险要高。

赖冠霖（2004）应用年龄-时期-队列模型分析了我国台湾地区居民1972—2001年机动车事故死亡率的变化趋势，利用惩罚函数法对其死亡风险的年龄效应、时期效应和队列效应进行估计。该研究发现，青少年（15~19岁）与老年人（70岁以上）为最危险族群，且年轻族群之危险族群有年龄下滑的现象。在控制年龄及队列效应之后，时期效应确实影响机动车事故死亡率。在1997—2001年之间，机动车事故死亡率的危险性下降到20世纪70年代左右的水准。

**Jau-Yih T.** 等（1996）应用年龄-时期-队列模型分析了我国台湾地区居民1974—1992年机动车事故死亡率的变化趋势，利用惩罚函数法对其死亡风险的年龄效应、时期效应和队列效应进行估计。该研究发现，年龄是机动车事故死亡的一个重要预测因素，70岁以上人群死亡风险最高。男性与女性时期效应自1974年起整体呈现上升趋势，1979—1983年出生的人群机动车事故死亡风险最大。

虽然这些研究在利用年龄-时期-队列模型的不同算法估计出死亡风险的年龄

效应、时期效应和队列效应的基础上，探究了社会经济、生活方式、饮食习惯和医疗技术等因素对特定伤害类型死亡风险的影响，但这些研究的范围均为我国香港和台湾地区，且大多数的研究时期较早，对于我国整体伤害流行病学研究参考价值有限。

## 1.3　研究的必要性

伤害作为一个重要的公共卫生问题，已越来越受到我国政府和社会各界的重视。2002 年起，我国原卫生部开始正式将伤害预防控制纳入疾病预防规划和重大疾病防治范畴。而科学进行伤害预防和控制的第一步，并且是极为关键的一步，就是要开展伤害监测以及收集伤害相关的信息。而追踪伤害死亡率是伤害监测的重要基础，这是因为死亡是伤害导致的一个最为严重且容易测量的结果。然而，目前国内对于伤害死亡率变化趋势的相关研究，其研究对象绝大部分是省级及以下的区域性研究，仅有的几个少数对于国家层面伤害死亡率变化趋势的研究，研究年份相对较为久远；应用定量分析模型对于伤害死亡率变化趋势的相关研究极少，且无国家层面的有关研究，且绝大多数研究都是采用简单描述性方法进行趋势分析。缺乏针对我国国家层面伤害死亡趋势的研究，将会使卫生决策者无法分配有限的卫生资源来达到最大化的伤害防治效果，停留在使用简单描述性的研究手段，则会使伤害潜藏着的因果模式无法得到有效探究。所以，全面分析我国人群伤害死亡水平、死因及其特点，对我国总伤害死亡率及主要伤害死亡率的长期变化趋势进行描述，并在此基础上应用定量分析模型研究探讨伤害死亡率发生变化的可能原因及各种影响因素，显得尤为必要，不仅能够填补我国相关伤害领域的研究空白，还能为今后我国伤害死亡的防控工作提供基础资料和参考依据。

## 1.4　研究内容与目的

本书的研究内容与目的主要有以下四个方面：

第一，研究我国人群伤害死亡水平、死因及其特点，描述我国伤害死亡的构成情况以及不同年龄组人群所面临的主要伤害类型，在此基础上，比较我国人群伤害死亡谱及其不同伤害类型死亡构成比例在不同年份的变化情况，为我国伤害流行病学资料提供数据支持，同时为后续的研究分析打下基础。

第二，对 1990—2015 年我国伤害死亡率及四种主要伤害(道路交通伤害、自我伤害、跌落、溺水)死亡率变化趋势进行描述，应用联结点回归模型对其趋势进行区段分析，识别不同区段内上升或下降的趋势是否具有统计学意义，并通过对死亡率的对数转换线性回归分析计算其年度变化百分比，为我国伤害评价防治效果和改进防治措施提供依据。

第三，在系统比较现有年龄-时期-队列模型各类参数估计方法的特点与不足的基础上，深入研究年龄-时期-队列模型的可估计函数法理论，阐明其特点与其所具备的优势，在统一的框架内系统验证常见几类函数的可估计性，并在此基础上引出解释性较强的几类较新可估计函数，为今后国内年龄-时期-队列模型研究提供方法学参考。

第四，应用年龄-时期-队列模型的可估计函数法分析中国人群的伤害死亡率及四种主要伤害(道路交通伤害、自我伤害、跌落、溺水)死亡率趋势，将死亡风险分解为年龄效应、时期效应和队列效应三个方面，根据研究结果探讨伤害死亡率发生变化的可能原因及各种影响因素，为进一步开展伤害病因分析的流行病学研究提供线索和方向。

# 第2章 定量分析模型及方法

## 2.1 研究资料

### 2.1.1 资料来源

本研究所用伤害死亡数据和人口数据均来源于全球疾病负担(Global Burden of Disease, GBD)研究项目所提供的全球健康数据交换(The Global Health Data Exchange, GHDx)数据库。全球疾病负担研究项目是一个由美国华盛顿大学健康测量与评估研究中心(Institute for Health Metrics and Evaluation, IHME)牵头,联合包括WHO、世界银行(The World Bank)及哈佛大学公共卫生学院(Harvard School of Public Health)在内的全球众多研究机构,组织全世界来自120多个国家(包括中国)的超过1800名研究人员所进行的大型国际合作健康科学研究项目。为了实现"让世界上每一个人都享有健康长寿"这一目标,全球疾病负担研究项目致力于系统并严格地测量评估全世界及各个国家内最重要的健康问题和用于解决这些问题的方法策略的效果。该项目至今已进行了四次大规模研究(GBD1990、GBD2010、GBD2013和GBD2015)。全球健康数据交换数据库是全球疾病负担研究项目免费开放提供给世界各地的研究人员和政策制定者使用的重要工具,包含了有关世界健康和人口统计的大量数据。全世界、各地区以及不同国家层面的关于死亡、残疾、疾病负担、期望寿命与危险因素的数据都能够通过该数据库获取。

目前,全球健康数据交换数据库内提供了全球疾病负担最新研究项目(GBD2015)的数据,这些数据包括:(1)所有GBD病因、危险因素、致病源和损害数据；（2）测量数据：死亡、寿命损失年（YLL）、伤残寿命年（YLD）、残疾调整寿命年（DALY）、患病率、急性病患病率、慢性病患病率、发病率、急性病发病率、总结暴露值（Summary Exposure Value，SEV）、期望寿命、健康期望寿命（HALE）、产妇死亡率（MMR）；（3）测量指标（单位）：人数、率、百分比、年数；（4）数据年份：1990—2015 年，每年的死亡人数、寿命损失年和期望寿命，其对其他所有测量指标以 5 年为增量单位；（5）所有 GBD 年龄组数据；（6）性别数据：男性、女性和全人群数据；（7）地区数据：超地区级、地区级、自定义地区级、国家级和英国亚国家级。以上所有数据均可以通过"全球疾病负担结果工具"（GBD Results Tool）以逗号分隔符文件格式（CSV）下载。

## 2.1.2 所用数据

本研究所用数据为中国自 1990 年开始到 2015 年为止的伤害死亡和人口数据。在全球健康数据交换数据库的 GBD2015 数据集中，中国包括 33 个亚国家级行政地区：大陆全部的 31 个省、市、自治区以及香港和澳门 2 个特别行政区。由于国际疾病分类法是流行病学、健康管理以及临床用途的标准诊断工具，所以在全球健康数据交换数据库中，它被用于对伤害所进行的分类。在该数据库内，中国在 1990—2015 年期间的死因编码以"疾病、伤害和死亡原因国际统计分类"（International Statistical Classification of Disease，Injuries and Cause of Death，ICD）第九版及第十版为依据，其中伤害死亡被定义为 E000-E999（在 ICD-9 中）和 V-Y 章（在 ICD-10 中）。本研究根据全球健康数据交换数据库结合意图和发生机制对伤害进行分类的原则将所有伤害分为 15 个类型：

（1）意外伤害 12 类：

① 道路交通伤害（road injuries）；

② 其他交通伤害（other transport injuries）；

③ 跌落（falls）；

④ 溺水（drowning）；

⑤ 接触火、高压和热物质（fire，heat，and hot substances）；

⑥ 中毒（poisonings）；

⑦ 机械损伤（exposure to mechanical forces）；

⑧ 医疗不良反应(adverse effects of medical treatment);

⑨ 动物袭击(animal contact);

⑩ 异物损伤(foreign body);

⑪ 冷热环境暴露(environmental heat and cold exposure);

⑫ 其他意外伤害(other unintentional injuries)。

(2)故意伤害 3 类:

① 自我伤害(self-harm);

② 人际间暴力(interpersonal violence);

③ 自然灾害、战争和法律干预(forces of nature, war, and legal intervention)。

上述具体伤害类型所对应的 ICD9 和 ICD10 死因编码参见本书附录表 1。全球疾病负担研究人员通过严格的审核过程对所有能获取到的数据进行审核,这些数据源包括:人口登记文件(vital registration documents)、死因推断数据(verbal autopsy data)、死亡率监测数据(mortality surveillance data)、人口普查数据(censuses)、人群调查数据(population surveys)、医院相关记录(hospital records)、警方相关记录(police records)和停尸房数据(mortuary data)。具体来说,全球疾病负担研究人员对所有的数据都进行了仔细的数据质量评估(包括完整性评估、诊断准确性评估、缺失数据率评估、随机变化评估和可能死因的准确性评估等),并且随后采取复杂的建模策略来识别数据的时空模式和降低数据的估计误差。

中国地区的死亡数据主要来自全国疾病监测点系统、孕产妇和儿童监测系统、中国疾病预防控制中心死因报告系统、澳门和香港的死因医疗诊断体系和癌症登记数据这 5 个数据源,本研究所使用的伤害死亡数据主要来自其中的前四个:

(1)全国疾病监测点系统(Disease Surveillance Points, DSP)。该系统成立于 1978 年,其疾病监测点在过去 35 年间逐渐增多,并且每次增加的疾病监测点位置都是根据多阶段-分层-整群抽样策略(multistaged stratified cluster sampling strategy)进行选择的。这些疾病监测点系统记录了医院和社区的死亡情况,并使用标准化手段从医疗记录和死者家中获取和收集相关信息,这些情况和信息为当地医师准确判断其死因提供了依据。

(2)孕产妇和儿童监测系统(Maternal and Child Surveillance System, MCSS)。

该系统开发了一个并行系统来记录源自社区代表性样本的高质量死因数据。国家孕产妇和儿童健康监测办公室成立于 1996 年，负责管理针对中国 5 岁以下年龄组和孕产妇的人群死亡率监测系统。到 2006 年，孕产妇和儿童监测系统在全国已有 336 个数据收集点。

（3）中国疾病预防控制中心（Chinese Center for Disease Control and Prevention，CCDC）死因报告系统。在 20 世纪 90 年代后期，许多省级疾控机构增加了其疾病监测点，并且部分县也开始收集死因方面的数据。从 2004 年开始，中国建立了一个基于互联网的报告系统，该系统使全国几乎所有的医院都能将按 ICD 编码的死因信息呈报给中国疾病预防控制中心报告。这些扩大后的省级和县级社区登记系统以及医院院内死亡报告系统结合起来，就是中国死因报告系统（China Cause of Death Reporting System）。中国死因报告系统覆盖范围扩展迅速，到 2012 年时，全国大约 890 万（不含香港和澳门）死亡人数中已有 400 万人被该系统记录（包括其死亡证明和 ICD 死因编码），全国 2857 个县中除了 28 个以外，其他均在当年通过电子系统进行了死因报告。

（4）澳门和香港的死因医疗诊断体系（Medical Certification of Causes of Death for Macao and Hong Kong）。香港的死因医疗诊断体系在英国的殖民统治下的时候就有很长的历史（香港自 1955 年就向世界卫生组织报告其死亡数据），该体系在香港成为中国的特别行政区后仍然延续。澳门只在 1994 年向世界卫生组织报告了其死亡数据。

## 2.1.3 数据整理

为了便于对中国不同时间点上的伤害死亡率进行比较，本研究采用 GBD2013 全球年龄标准化人口（具体权重值见表 2-1），利用直接标化法对我国伤害死亡率进行年龄标准化处理，从而获得标化死亡率。为进行年龄-时期-队列分析，本研究将我国 0~79 岁男性和女性群体按照每 5 岁一个年龄组，分为 16 个年龄组，即 0~4 岁年龄组，5~9 岁年龄组……75~79 岁年龄组。需要说明的是，80 岁以上人群由于在全球健康数据交换数据库中被记录为单独一组，不满足年龄-时期-队列研究对年龄组等间距的要求，故未纳入本研究。本研究的时间范围为 1990—2015 年，根据年龄-时期-队列模型对数据结构的要求，年龄组组距和时期组距应该相同，因此本研究将选取 6 个时间点的年份作为时期组数据，即 1990 年、1995 年、2000 年、2005 年、2010 年以及 2015 年的数据。这样可以避免通过年龄数据和时期数据间接计算所得到的队列数据出现重叠（overlapping），从而掩盖某些队列净效应的情况。相应的出生队列为 1911—1915 年、1916—1920 年……2011—2015 年，共计 21 组出生队列。由于 10 岁以下的儿童发生自杀死亡的情况极为罕见，全球健康数据交换数据库关于自我伤害的死亡数据从 10 岁开始有记录，故自我伤害死亡只能被分为 14 个年龄组（10～14 岁年龄组，15～19 岁年龄组……75～79 岁年龄组），其对应的出生队列为 19 组（1911—1915 年、1916—1920 年……2000—2005 年）。

表 2-1　　　　　　　　　　　　全球年龄标准化人口权重①

| 年龄 | 权重 |
| --- | --- |
| 0～6 天 | 0.00036 |
| 7～27 天 | 0.00106 |
| 28～364 天 | 0.01688 |
| 1～4 岁 | 0.07182 |
| 5～9 岁 | 0.08693 |
| 10～14 岁 | 0.08395 |
| 15～19 岁 | 0.08098 |
| 20～24 岁 | 0.07814 |
| 25～29 岁 | 0.07560 |
| 30～34 岁 | 0.07249 |
| 35～39 岁 | 0.06856 |
| 40～44 岁 | 0.06384 |
| 45～49 岁 | 0.05849 |
| 50～54 岁 | 0.05271 |

① Zhou M, Wang H, Zhu J, et al. Cause-specific mortality for 240 causes in China during 1990—2013: A systematic subnational analysis for the Global Burden of Disease Study 2013[J]. The Lancet, 2016, 387(10015): 251-272.

| 年龄 | 权重 |
|---|---|
| 55~59 岁 | 0.04678 |
| 60~64 岁 | 0.04058 |
| 65~69 岁 | 0.03359 |
| 70~74 岁 | 0.02629 |
| 75~79 岁 | 0.01897 |
| 80 岁以上 | 0.02198 |

## 2.2 统计指标

### 2.2.1 死亡率指标

(1)粗死亡率(Crude Mortality/Death Rate，CMR/CDR)：指在某一特定区域里，某段时期内(通常为一年)死亡人数与同一时期内平均人口数(或期中人数)之比，可用千分率或十万分率表示。本研究中所用粗死亡率指标为年死亡率，以十万分率表示，其计算公式为：

$$粗死亡率 = \frac{年死亡人数}{年平均人口数} \times 100000/10\ 万 \tag{2.1}$$

粗死亡率最大的问题在于其忽视了人群年龄结构的影响。例如，甲地区人口结构中老龄人占比很大，乙地区人口结构中青年人占比很大，假定这两个地区的粗死亡率相同或者相近，那么实际上两地区人群受死亡威胁的严重程度并不相同(乙地区要严重得多)。也正因这一问题，粗死亡率被冠以"粗率"的名称。

(2)年龄别死亡率(Age-specific Mortality/Death Rate，AMR/ADR)：指在某一特定区域里，某年龄组某段时期内(通常为一年)死亡人数与该年龄组同一时期内平均人口数(或期中人数)之比，其计算公式为：

$$年龄别死亡率 = \frac{某年龄组年死亡人数}{某年龄组年平均人口数} \times 100000/10\ 万 \tag{2.2}$$

简单来说，年龄别死亡率是指按不同年龄计算的人口死亡率，它是粗死亡率的重要补充。由于粗死亡率易受人口年龄结构的影响，且不同年龄的死亡率差别很大，因此有必要分别不同年龄计算年龄别死亡率。

（3）标准化死亡率（Standardized Mortality/Death Rate，SMR/SDR）：简称标化死亡率，又被称为调整死亡率。通常标准化的原因是不同人群中存在年龄结构的差异，但也可以为了调整不同人群中其他因素的差异而进行率值的标准化。标化死亡率可分为直接法和间接法两种，它们的计算都需要一个参考人群——标准组人口。本研究采用直接法来调整年龄结构的差异，标准组人口为 GBD2013 全球年龄标准化人口，则标化死亡率计算公式为：

$$标化死亡率 = \frac{\sum（标准组人口年龄构成 \times 年龄别死亡率）}{\sum 标准人口年龄构成} \qquad (2.3)$$

与粗死亡率不同，标化死亡率排除了不同人群间相互比较时年龄构成对人群死亡率的影响，确保比较结果更为客观。

（4）死因别死亡率（Cause-specific Mortality/Death Rate，CMR/CDR）：指在某一特定区域里，某段时期内（通常为一年）由于某原因死亡的人数与同一时期内平均人口数（或期中人数）之比，其计算公式为：

$$死因别死亡率 = \frac{年某死因死亡人数}{年平均人口数} \times 100000/10 万 \qquad (2.4)$$

死因别死亡率是死因分析的重要指标，但其同粗死亡率一样存在忽视人群年龄结构影响的问题。实际上，死因别死亡率等同于针对某一死因的粗死亡率。同样，死因别年龄别死亡率和死因别标化死亡率亦等同于针对某一死因的年龄别死亡率和标化死亡率，故在此不赘述。

## 2.2.2 年度变化百分比

死亡率的时间趋势中对于相对变化的程度一般采用对数刻度来描绘。用 $y$ 表示死亡率的自然对数 $y = \ln r$，将 $y$ 作为应变量，$x$ 作为自变量（一般为年份），拟合下面的线性模型[1]：

$$y = \mu + \beta x + \varepsilon \qquad (2.5)$$

---

① 赛金玉. 威海市文登区居民恶性肿瘤死亡水平、变化趋势与疾病负担研究［D］. 济南：山东大学，2014.

其中, $\mu$ 为截距, $\beta$ 为回归系数, $\varepsilon$ 为随机误差。先通过应变量 $y$ 与自变量 $x$ 的观测值数据求得回归系数 $\beta$, 然后再根据下式计算年度变化百分比(Annual Percent Change, APC):

$$APC = (e^{\beta} - 1) \times 100\% \qquad (2.6)$$

可以看出, 若要看死亡率的年度变化百分比是否具有统计学意义(即检验 APC = 0 是否成立), 只需要检验回归系数 $\beta$ 是否为 0。由于可以通过模型拟合得出回归系数 $\beta$ 和其标准误, 则可用如下 $t$ 统计量来检验回归系数 $\beta$ 是否为 0:

$$t = \frac{\beta}{\mathrm{Var}(\beta)} \qquad (2.7)$$

## 2.3 联结点回归模型

本研究拟采用在肿瘤流行病领域中应用广泛的两种趋势定量分析模型, 即联结点回归模型和年龄-时期-队列模型, 来分析我国伤害死亡率的变化趋势。联结点回归模型能够对伤害死亡率的长期变化趋势进行分段划分, 识别不同区段内具有统计学意义的变化趋势, 从而避免一般伤害流行病研究中在对趋势进行简单描述时的主观判断; 而年龄-时期-队列模型能够在联结点回归模型有效地描述趋势是否具有显著性的基础上, 同时对年龄效应、时期效应和队列效应进行研究, 使研究者能够进一步分析这些显著趋势背后所蕴含的可能因素。年龄-时期-队列模型的详细方法、原理与其实现软件请参见下文。

### 2.3.1 联结点回归模型介绍

联结点回归模型(Joinpoint Regression Model, JRM), 又被称为分段回归模型(Piecewise/Segmented Regression Model), 是用来描述包括死亡率、发病率和生存率等率值时间变化趋势的一组不同的线性统计学模型, 连接这些不同的模型之间的点, 称为联结点(join points)。联结点回归模型常被用于探查率值数据随时间的变化趋势是否发生显著的转折, 可根据观测率值的线性或对数线性数据范围来选择模型的形式为线性回归还是对数线性回归(对率值进行对数转换)。一般由于很多疾病率值低发, 服从偏态的泊松分布, 往往会对其率值进行对数转换。经过对数转换后的数据在两个联结点之间的单位时间变化率会变得更加稳健。

令 $y_i (i=1, 2, 3, \cdots, n)$ 表示诸如死亡率或者发病率等一组数据，$t_i (i=1, 2, 3, \cdots, n)$ 表示这组率值数据所对应的时间数据(实际上它还可以表示除了时间之外的其他协变量值)，那么联结点回归模型的线性回归模型和对数线性回归模型可分别表示如下：

$$y_i = \beta_0 + \beta_1 \cdot t_i + \sum_{k=1}^{K} \delta_k \cdot f^{(k)}(t_i) + \varepsilon_i^{(k)} \tag{2.8}$$

$$y_i = \exp\left[\beta_0 + \beta_1 \cdot t_i + \sum_{k=1}^{K} \delta_k \cdot f^{(k)}(t_i) + \varepsilon_i^{(k)}\right] \tag{2.9}$$

其中，函数 $f^{(k)}(t_i) = (t - \tau_k)^+$，若 $t - \tau_k > 0$，则 $(t - \tau_k)^+ = (t - \tau_k)$，若 $t - \tau_k \leqslant 0$，则 $(t - \tau_k)^+ = 0$，$\tau_k^{(t)} = (\tau_1, \tau_2, \cdots, \tau_k)$ 表示联结点($k$ 为待确定联结点的个数)；$\beta_k^{(t)} = (\beta_0, \beta_1, \delta_1, \cdots, \delta_k)$ 是联结点回归的参数，其前两项为回归的基本参数；$\varepsilon_i^{(k)}$ 表示期望均值为 0 的随机误差；$y_i$ 为应变量，它除了能表示率值数据外，有时还可以用来表示计数数据。由于联结点回归模型的线性回归模型和对数线性回归模型的区别仅在于是否对率值进行对数转换，为节约篇幅，后文仅论述其线性回归情况。

## 2.3.2　联结点回归模型原理

令联结点回归模型的原假设和备择假设分别为：

$H_0$：联结点回归模型的联结点个数为 $k_0$；

$H_1$：联结点回归模型的联结点个数为 $k_1$。

当模型有 $k$ 个联结点时，第 $i$ 个应变量可表示为：

$$y_i = \beta_0 + \beta_1 \cdot t_i + [\delta_1 \cdot f^{(1)}(t_i) + \cdots + \delta_k \cdot f^{(k)}(t_i)] + \varepsilon_i^{(k)} = \mu_i^{(k)} + \varepsilon_i^{(k)}$$

$$\tag{2.10}$$

其中，$\varepsilon_i^{(k)}$ 仍用于表示期望均值为 0 的残差，而 $\mu_i^{(k)}$ 则用于简化表示除随机误差外的所有项 $(\beta_0 + \beta_1 \cdot t_i + [\delta_1 \cdot f^{(1)}(t_i) + \cdots + \delta_k \cdot f^{(k)}(t_i)])$。整个联结点回归模型联结点数目的确定依靠的是置换检验(permutation test)，其过程主要分为如下四步：

第一步，假定原假设成立，找出该假设下回归参数 $(\beta_0, \beta_1, \delta_1, \cdots, \delta_{k_0}, \tau_1, \cdots, \tau_{k_0})$ 的最小二乘估计值，使下式的值最小化：

$$Q = \sum_{i=1}^{n} \left[ y_i - \mu_i^{(k_0)} \right]^2 \qquad (2.11)$$

一般而言，联结点回归模型的最小二乘拟合方法主要分为网格搜索法(Grid Search)和哈德逊法(Hudson's)两种，前者是根据检验一系列离散的数据点来寻找最佳模型拟合，后者则是允许对连续数据进行拟合。

第二步，对原假设成立情况下模型中的残差进行置换，将其放入原假设模型的均值内，以获得多个置换数据集：

$$\boldsymbol{y}_{(a)}^{\mathrm{T}} = (\hat{\boldsymbol{\mu}}^{(k_0)})^{\mathrm{T}} + \left[ \hat{\boldsymbol{\varepsilon}}_{\pi_{a1}}^{(k_0)}, \cdots, \hat{\boldsymbol{\varepsilon}}_{\pi_{an}}^{(k_0)} \right] \qquad (2.12)$$

其中，$(\hat{\boldsymbol{\mu}}^{(k_0)})^{\mathrm{T}} = [\hat{\mu}_1^{(k_0)}, \cdots, \hat{\mu}_n^{(k_0)}]$，它代表原假设条件下模型的均值；$\hat{\varepsilon}_i^{(k_0)} = y_i - \hat{\mu}_i^{(k_0)}$，$\boldsymbol{y}_i^{\mathrm{T}} = [y_1, y_2, \cdots, y_n]$；$\boldsymbol{\pi}_a^{\mathrm{T}} = [\pi_{a1}, \pi_{a2}, \cdots, \pi_{an}]$，它表示 $n \times 1$ 的置换向量，其值从 1 到 $n$。若要完全执行全部的置换检验，则会生成个数为 $n!$ 个的置换样本，这一数字通常很大，整个运算将会耗费过多的资源和时间，一般采取蒙特卡洛抽样法(Monte-Carlo Sampling)来抽取置换样本提高运算效率。

第三步，对每一个置换数据集拟合备择假设模型，并计算其拟合优度值。拟合这些备择模型的方法同样是最小二乘拟合法(网格搜索法/哈德逊法)。将第 $a$ 个置换数据集残差的向量表示为 $\hat{\boldsymbol{\varepsilon}}_{(Y(a))}^{(k_1)}$。采用 $F$ 统计量衡量拟合优度，又由于关注点主要在不同置换 $F$ 统计量的相对值，故可构造一个简化的统计量：

$$T(y_{(a)}) = \frac{\left\{ \left[ \hat{\boldsymbol{\varepsilon}}_{(Y(a))}^{(k_0)} \right]^{\mathrm{T}} \left[ \hat{\boldsymbol{\varepsilon}}_{(Y(a))}^{(k_0)} \right] \right\}}{\left\{ \left[ \hat{\boldsymbol{\varepsilon}}_{(Y(a))}^{(k_1)} \right]^{\mathrm{T}} \left[ \hat{\boldsymbol{\varepsilon}}_{(Y(a))}^{(k_1)} \right] \right\}} \qquad (2.13)$$

它由 $F$ 统计量单调变化(monotonic transformation)而得到。

第四步，通过置换的拟合优度统计量分布采用蒙特卡洛算法(Monte-Carlo method)来确定 $p$ 值：

$$p = \frac{\psi \left\{ \sum_{a=0}^{N_p-1} I(T_{(y_a)} \geqslant T_{(y)}) \right\}}{N_p} \qquad (2.14)$$

其中，$I(\cdot)$ 表示指示函数，$\psi\{\cdot\}$ 表示对于 $a \in \{0, 1, \cdots, N_p-1\}$ 满足指示函数情况的次数。当 $N_p$ 足够大的时候，通过上式就能够获得所需的准确 $p$ 值。当 $p$ 大于检验水准时，不拒绝原假设 $\mathrm{H}_0$，可认为联结点回归模型的联结点个数为该原假设所假定值；当 $p$ 小于检验水准时，拒绝原假设 $\mathrm{H}_0$(联结点回归模型的联结点个数为 $k_0$)，设立新的原假设和备择假设，重复迭代运算，直到 $p$ 大于检验水准时确定联结点回归模型的联结点个数。

### 2.3.3　联结点回归模型统计软件

Joinpoint Trend Analysis Software（JTAS）是一款由美国国家癌症研究中心（National Cancer Institute，NCI）所研发的用于联结点回归模型进行趋势分析的专业统计软件，很多 NCI 的研究成果均是采用该软件对癌症趋势进行分析。本研究应用 JTAS 统计软件的 Version 4.4.0.0 行命令版实现联结点回归模型的拟合，分析我国伤害死亡率随时间的变化趋势，并计算相应分段区间年度变化百分比（APC）。其中，最小二乘拟合方法选用网格搜索法；默认的最大联结点数量设置为 4（本研究观测值数量范围在 22~26 之间）；置换检验的随机置换数据集个数和其整体显著性检验水准均按其默认值定为 4499 和 0.05。

## 2.4　年龄-时期-队列模型

### 2.4.1　年龄-时期-队列介绍

年龄-时期-队列模型(Age-Period-Cohort Model，APCM)，简称 APC 模型，是指同时对于年龄效应、时期效应和队列效应进行研究，试图分解并探究影响因变量的各种潜藏因素，以找寻内在原因的统计学分析方法，其目前被广泛用于人口学、社会学、行为学和流行病学等相关领域。广义而言，该模型中的时期指的是研究事件所发生的时间(一般以年为单位)，队列是指对研究事件产生影响的起始时间，而年龄则是从这个起始时间到研究发生事件发生时间的这个时间跨度①。当队列为出生队列时，年龄则是研究个体的生物年龄，通常年龄-时期-队列模型中的队列和年龄就是这两个狭义的概念，本研究亦是如此。

对于较长时间内的有序数据集，如个人长期观测数据、人口抽样调查数据，传统的描述性分析方法虽然计算出某一事件的发生率，并描述其随时间的变化趋势，但并没有办法从根本上区分年龄、时期、队列对特定观察事件变化规律的贡献大小，即无法消除年龄、时期及队列之间的相互交互作用，不能准确反映出年

---

① 封婷. APC 模型识别问题研究［D］. 北京：中国人民大学，2011.

龄、时期、队列对发病率的影响。而年龄-时期-队列模型则改进了传统的疾病描述分析方法，以泊松分布为基础，可在同时调整年龄、时期、队列这三个因素的条件下，估计特定人群中年龄、时期、队列在某事件发生过程中的影响，体现疾病在年龄、期间和队列上的变化趋势。年龄效应、时期效应和队列效应在特定的资料下往往有着更为明确的含义，但一般而言，年龄效应、时期效应和队列效应可以进行如下理解：

年龄效应（Age Effect）：表示某事件发生的危险性与年龄因素有关，并且其危险性由于年龄的不同而有所变化。年龄效应可以来自生理变化、心理变化、社会经验积累、社会角色或地位的转变，或是这几个方面的综合影响。因此，年龄效应反映了个体老龄化的生物和社会过程，并代表了整个生命过程中的发展变化。从许多结局（Outcomes）中，如生育、教育、就业、婚姻和家庭结构、疾病的流行、发病和死亡等，都能够清楚地观察到某些年龄变化规律。

时期效应（Period Effect）：是指能够在不同时期或年份同时影响所有年龄组，并使其发生某事件的危险性有所变化的作用。时期效应包括了一系列复杂的历史事件和环境因素，如战争、经济扩张和萎缩、饥荒和传染性疾病的大流行、公共卫生干预和某些技术突破。在某一固定时期内社会、文化、经济或自然环境的转变有可能会对所有个体的生活造成相似的影响，这就产生了一定时期效应。除了上述直接影响外，时期效应的影响还可以表现在影响到特定疾病发病率或死亡率的疾病分类改变或诊断技术提高等间接方面。

队列效应（Cohort Effect）：表示在同一年（或是其前后几年）内经历某些起始事件源（如出生或结婚等）的一组个体其发生某事件的危险性较之其他组个体有所变化。出生队列是年龄-时期-队列模型中最常被分析的单位。同一个出生队列的人群会在相同的年龄经历相同的社会或历史事件。这表明，在生命进程的不同阶段经历不同的社会或历史事件的出生队列对于社会经济、行为和环境等方面的危险因素会有着不同程度的暴露风险。

从年龄效应、时期效应及队列效应的含义及作用来看，在流行病学研究领域中，年龄-时期-队列模型分析不仅仅分离了疾病发病或死亡的年龄效应、时期效应及队列效应，而且可以站在更宏观的角度，分析社会经济条件的改变、历史事件的发生、环境因素的变化对疾病发病或死亡的影响。

## 2.4.2　理论基础

在概率论和统计学中，以法国数学家 Siméon Denis Poisson 命名的泊松分布（Poisson Distribution）是一种离散概率分布，表示给定数量的事件在固定的时间或空间间隔中以一已知平均速率随机且独立地发生的概率。如果某些现象的发生概率 $p$ 很小，而样本例数 $n$ 又很大，则二项分布逼近泊松分布，也就是说，泊松分布可看作二项分布的一种极限形式。倘若计数变量不是连续的，并且分布又常呈现明显偏态分布，则这时该变量不适宜用作常规回归的因变量。医学科研中常用泊松分布研究单位时间、空间、面积内某事件的发生数，如一定人群中某种患病率很低的非传染性疾病发生数或死亡数的分布等。若独立变量（如肿瘤的发病数，放射学、遗传学中的畸变数等）服从泊松分布，则可运用泊松回归模型（Poisson Regression Model）研究其在不同暴露水平下的发病情况。

以 $y$ 表示对某一事件发生数的观测，假定随机变量 $Y$ 等于 $y$ 的概率，并遵循均值为 $\lambda$ 的泊松分布，则该泊松分布的密度函数为：

$$\Pr(Y = y \mid \lambda) = \frac{\mathrm{e}^{-\lambda} \lambda^{y}}{y!} \quad (y = 0,\ 1,\ 2,\ \cdots) \tag{2.15}$$

式中，$\lambda > 0$，它是定义分布时的唯一参数，这是针对单变量泊松分布的情况，也可以通过允许每一观测具有不同的 $\lambda$ 值将泊松分布扩展为泊松回归模型。在更一般的情况下，泊松回归模型假定，表示对个体 $i$ 某一事件发生数的观测 $y_i$ 遵循均值为 $\lambda_i$ 的泊松分布。而 $\lambda_i$ 可根据一些可观察的特征估计得到：

$$\lambda_i = E(y_i \mid X_i) = \exp(X_i^{\mathrm{T}} \boldsymbol{\beta}^{\mathrm{T}}) = \prod_{j=1}^{k} \exp(\beta_j x_{ji}) \tag{2.16}$$

现将式（2.15）和式（2.16）联合起来，就可以定义出一个完整的泊松回归模型。其中，对 $X_i^{\mathrm{T}} \boldsymbol{\beta}^{\mathrm{T}}$ 取指数是为了保证参数 $\lambda_i$ 为非负数。这时，均值 $\lambda_i$ 也是一个条件均值，其反映的是在一系列因素作用下事件的平均发生数，只不过其作用被表达为乘法形式，若将式（2.16）两边取对数，则可以得到该条件均值的一种加法形式表达：

$$\ln(\lambda_i) = X_i^{\mathrm{T}} \boldsymbol{\beta}^{\mathrm{T}} = \sum_{j=1}^{k} (\beta_j x_{ji}) \tag{2.17}$$

通过式（2.17）对事件发生数的平均值进行对数转换，最终得到了泊松回归模型的一般形式，即泊松对数线性模型（Poisson Loglinear Model）。其中，$\beta_j$ 是解释变量 $x_i$ 对应的回归系数，方程左侧的对数条件均值（或称对数率）已经表达为 $k$ 个自变量的线性函数。泊松对数线性模型本质上来看是一种被解释变量服从泊松分布并采用了对数联系的广义线性模型。

通常来讲，很多非传染性疾病和伤害的发生或死亡概率很低，而且其相互之间可视为独立，符合泊松对数线性回归模型来描述或表达疾病或伤害的发生或死亡与研究者所感兴趣的因素之间的关系。当所涉及的因素被特定为年龄、时期和出生队列时，泊松对数线性模型实际上就成为了一种专用的模型——年龄-时期-队列模型。与该模型相对应的是一个按着年龄、时期和队列分组的大型多维列联表，其中每一个格子中有两个元素：发生数或死亡数（作为分子），以及同年龄、同时期的人口数（人年数，作为分母）。年龄-时期-队列模型基本形式表达为：

$$\ln(\hat{Y}_{ijk}) = \mu + \alpha_i + \beta_j + \gamma_k + \varepsilon_{ijk} \tag{2.18}$$

式中，应变量 $\ln(\hat{Y}_{ijk})$ 是某特征人群疾病期望发病或死亡率的自然对数，这里的 $\ln(\hat{Y}_{ijk}) = \ln(O_{ijk}/N_{ijk})$，$O_{ijk}$ 是一定特征人群某病的发病或死亡数，$N_{ijk}$ 是暴露于该病的危险人年数。通常分子中的病例数 $O_{ijk}$ 远远小于分母中的危险人年数 $N_{ijk}$，因而认为在每个第 $i$，$j$，$k$ 格子中某病的病例数 $O_{ijk}$ 是一个具有均数为 $N_{ijk} \times R_{ijk}$，并且服从于泊松分布的独立变量（$R_{ijk}$ 表示某病发病或死亡率）。根据泊松分布的性质，在对数状态下有：

$$\ln(\hat{O}_{ijk}) = \ln(N_{ijk}) + \ln(R_{ijk}) \tag{2.19}$$

综合式（2.18）和式（2.19），可得到如下表达式：

$$\ln(\hat{O}_{ijk}) = \ln(N_{ijk}) + \mu + \alpha_i + \beta_j + \gamma_k + \varepsilon_{ijk} \tag{2.20}$$

式中，$\mu$ 是回归方程的截距，它作为年龄、时期和出生队列等有关参数的疾病危险性的参照水平；$\alpha_i$ 表示第 $i$ 层次年龄参数的作用，$i = 1$，$2$，$\cdots$，$a$；$\beta_j$ 表示第 $j$ 层次时期参数的作用，$j = 1$，$2$，$\cdots$，$p$；$\gamma_k$ 是指与第 $i$ 层次年龄和第 $j$ 层次时期参数有关的出生队列的作用；$\varepsilon_{ijk}$ 表示随机抽样误差，这里假设其总体值等于零，并且变异和分布性质又依赖于对应变量的假设。

## 2.4.3 变量编码与 APC 模型不可识别问题

由于通常年龄-时期-队列模型所用的数据都是以年份为单位记录，研究者一般采取分类编码(categorical coding)的方式对其进行处理。对 APC 模型进行分类编码能够使因变量和年龄组、时期和队列之间的关系呈现出各种各样的功能形式，而不会仅仅将其关系限制为线性或二次方程。分类编码允许每个类别的年龄、时期和队列具有其自身效应，其值可以高于或低于其他年龄组、时期或队列。基于常见的矩形年龄-时期表(age-period table)的数据形式，这里使用以下分类编码方法表达年龄-时期-队列模型：

$$\ln(\hat{Y}_{ij}) = \mu + \alpha_i + \beta_j + \gamma_{I-i+j} + \varepsilon_{ij} \tag{2.21}$$

式中，$\hat{Y}_{ij}$ 是年龄-时期表内第 $ij$ 个($i$ 指年龄，$j$ 指时期)单元的因变量值；$\mu$ 表示模型截距的值；$\alpha_i$ 是第 $i$ 个年龄组的年龄效应；$\beta_j$ 是第 $j$ 个时期的时期效应；$\gamma_{I-i+j}$ 是第 $I - i + j$ 个队列的队列效应(其中 $I$ 是年龄组的数目)，$\varepsilon_{ij}$ 是与年龄-时期表内与第 $ij$ 个($i$ 指年龄，$j$ 指时期)单元相关联的误差项或残差。年龄、时期和队列被上述分类编码后，需有一个年龄组、一个时期和一个队列作为参照组。现进一步将上述 APC 模型以矩阵形式进行如下表达：

$$y = Xb + \varepsilon \tag{2.22}$$

通常分类编码用 $X$ 表示设计矩阵(design matrix)，它用于编码截距和年龄、时期和队列组中的每一个元素(除了用作参照组的那些元素)。一般而言，有很多种方法可以分类编码年龄、时期和队列变量，其中两种最常见的方法是虚拟变量编码(dummy variable coding)和效果编码(effect coding)。虚拟变量编码采用若干个"1"和"0"来进行编码，其中"1"表示在某一类，而"0"则表示不在该类。效果编码与哑变量编码类似，不同之处在于，效果编码中参照组被用"−1"来编码。$4 \times 4$ 的年龄-时期表的设计矩阵 $X$ 分别用虚拟变量编码和效果编码的编码方式参见附录表 2 和表 3。需要说明的是，虽然分类变量的编码方式不同不会影响回归分析的结果，但相应回归系数的解释则会受到影响。

将式(2.22)的两端都乘以 $X$ 的转置矩阵进行预处理，得到：

$$X^{\mathrm{T}}y = X^{\mathrm{T}}Xb + X^{\mathrm{T}}\varepsilon \tag{2.23}$$

由于 $E(X^{\mathrm{T}}\varepsilon) = 0$，故通常将正式的表达式记为：

$$X^{\mathrm{T}}Xb = X^{\mathrm{T}}y \tag{2.24}$$

求解方程的下一步常规手段是通过将式(2.24)的两端同时乘以 $X^{\mathrm{T}}X$ 的逆矩阵 $(X^{\mathrm{T}}X)^{-1}$。结果是：

$$b = (X^TX)^{-1}X^Ty \qquad (2.25)$$

如果 $X$ 是满秩矩阵，则方程(2.25)将能获取唯一的解。遗憾的是，在传统的多分类 APC 模型中，年龄、时期和队列分类变量之间存在完全线性依赖关系：队列＝时期－年龄①。这个问题的一个表现是正则逆矩阵 $(X^TX)^{-1}$ 并不存在。正是由于正则逆矩阵不存在，所以我们无法采取如等式(2.25)中那样求解常规方程，以求得 $b$。因为在这种情况下，不可识别问题并不是说方程(2.24)没有解，而是说该方程存在有无数个解。这一困境就是 APC 模型的"不可识别问题"(the non-identification problem)。如果不对模型中的一个或多个系数设置添加一个约束条件，则无法通过普通最小二乘法或是极大似然估计法求得年龄、时期和队列参数的唯一估计值。但是，若添加某个约束条件，又会同时决定向量 $b$ 的无限数目个解中的某一个由 APC 分析最终提供。

## 2.4.4 已有的各类尝试及其主要问题

为了解决"不可识别问题"这一难题，近几十年来，众多国外学者针对年龄-时期-队列模型提出了各类不同的参数估计算法。目前来看，国内外应用相对较广的方法主要有如下 8 种：

(1)任意约束法(Arbitrary Constraint)：又称为局部限定值法、增加限制法、人为限制法、约束广义线性回归法、Mason 法等。该法的基本思想是，当 APC 模型的参数估计的解不唯一时，可对年龄、时期或队列的参数加上一个任意约束，以使参数估计有唯一解。例如，$\alpha_i = \alpha_{i+1}$（即使相邻的两年龄组效应相同），$\beta_j = \beta_{j+1}$（即使相邻的两时期组效应相同），$\gamma_k = \gamma_{k+1}$（即使相邻的两队列效应相同）。值得指出的是，任意约束法的一个较为复杂版本是通过贝叶斯方法来指定这种约束条件。显然，此方法的主要问题在于任意约束的选择存在很大的主观性。虽然如果能根据已知情况或先验信息选择正确合适的任意约束的确能解决不可识别问题，但这在实践中较难实现。有研究表明，不同的任意约束将会对参数估计的结果有很大的影响，故笔者认为应慎重选择并使用此方法。

(2)惩罚函数法(Penalty Function Approach)：又称为补偿函数法。该法的基

---

① 苏晶晶，彭非．年龄-时期-队列模型参数估计方法最新研究进展[J]．统计与决策，2014(23)：21-26.

本思想是，利用某种约束函数构造一个能反映一旦破坏约束便发挥惩罚作用的项，即惩罚函数。在 APC 模型中，可以构造一个惩罚函数来衡量三因素模型（即 APC 模型）分别与三个两因素模型（即 AP 模型、AC 模型和 PC 模型）的参数空间距离并使该惩罚函数最小化，然后据此计算出满足此时条件的惩罚函数内的参数值，从而最终使年龄、时期、队列的参数估计有唯一解。具体而言，令 $\mu'(\lambda) = \mu$，$\alpha'_i(\lambda) = \alpha_i + \lambda(a-i)$，$\beta'_i(\lambda) = \beta_i + \lambda j$，$\gamma'_k(\lambda) = \gamma_k - \lambda k$，且 $j - i + a - k = 0$，其中 $\lambda$ 表示年龄-时期-队列模型不可识别的线性关系函数，其值可通过使惩罚函数最小化获得，获得 $\lambda$ 值后即可得到一组唯一的年龄、时期、队列参数估计值。惩罚函数表达式为：

$$g(\lambda) = \frac{\parallel \theta_C - \theta(\lambda) \parallel}{R_C} + \frac{\parallel \theta_P - \theta(\lambda) \parallel}{R_P} + \frac{\parallel \theta_A - \theta(\lambda) \parallel}{R_A} \qquad (2.26)$$

式中，$\parallel \theta_l - \theta(\lambda) \parallel$，$\forall l$ 表示欧氏距离（Euclidean Distance），$\theta^{\mathrm{T}}(\lambda) = (\mu, \alpha^{\mathrm{T}}, \beta^{\mathrm{T}}, \gamma^{\mathrm{T}})$ 表示关于 $\lambda$ 的 APC 模型参数向量，$\theta_C^{\mathrm{T}}(\lambda) = (\mu, \alpha^{\mathrm{T}}, \beta^{\mathrm{T}}, 0)$，$\theta_P^{\mathrm{T}}(\lambda) = (\mu, \alpha^{\mathrm{T}}, 0, \gamma^{\mathrm{T}})$，$\theta_A^{\mathrm{T}}(\lambda) = (\mu, 0, \beta^{\mathrm{T}}, \gamma^{\mathrm{T}})$ 分别表示关于 $\lambda$ 的 AP、AC、PC 模型参数向量，$R_l$，$\forall l$ 表示两因素模型的平均残差平方和。惩罚函数法的不足之处在于，其根据设定的"理想值"求出的一组解并不一定就能很好地代表参数估计的真实唯一解。此外，有研究表明，由于惩罚函数的参数估计突出了队列的作用，故该法仅适用于率值不随时间明显改变的资料。[1]

（3）两因素模型（Two-Factor Models）：解决不可识别问题最容易的办法就是不考虑三因素模型（APC 模型），而用两因素模型（AP 模型、AC 模型、PC 模型）取而代之。在《剑桥医学统计学词典》中，"年龄-时期-队列模型"词条被解释为："已经存在诸多不同的方法来解决因素的相互依赖问题（即不可识别问题[2]），而最常见的一个办法是使三因素中的某一个因素不被纳入建模过程中。"显然，如果采纳剔除掉某一因素（A、P 或 C）后的两因素模型就可以使设计矩阵满秩，从而求得参数的唯一解。通常根据拟合优度（goodness-of-fit）情况来选择两因素模型。但实际上，两因素模型相对于三因素模型的做法并不被看好。这不仅因为剔除某一因素的假设过硬，还因为在比较两因素模型和三因素模型时，由于参数由数据

① Robertson C, Gandini S, Boyle P. Age-period-cohort models: A comparative study of available methodologies[J]. Journal of Clinical Epidemiology, 1999, 52(52): 569-583.

② 笔者注。

生成，两因素模型因包含了被剔除因素的线性效应而占优；另外，被剔除因素的非线性效应并没有得到控制。

（4）代理变量法（Proxy Variable Approach）：又称为特征变量法、替代变量法等。该法的基本思想是，找到一个限制年龄、时期或队列变量的效应，并使其与自己成比例的实质变量（substantive variable）用作其代理变量，且该变量与其他两个变量不存在线性相关关系。称其为代理变量（proxy variable）是因为它在一定程度上代表了年龄、时期或队列变量。例如，可以假定队列效应与队列大小成比例，或者时期效应被限制与失业率成比例。通常，只有当目标变量影响结果的机制被用来限制变量效应的代理变量捕获时，方可认为比例约束是合理的。在引入代理变量（特征变量）后，APC 模型其实就转化为了年龄-时期-队列-特征模型（Age Period Cohort Characteristic（APCC）Model）。代理变量法最大的问题在于，它实际上并没有估计全套年龄、时期、队列系数。此外，真正意义上的代替变量在实际应用中并不一定存在或并不易于获取，实际所选取的代替变量可能不能完全解释年龄、时期、队列效应对结果的影响。

（5）个体记录法（Individual Records Approach）：又称为 Willekens 双重分组法、个别资料法、个人观测资料法等。该法的基本思想是，在宏观汇总的年份年龄别单元格内率值或人数信息的基础上纳入个体记录的信息，把年份年龄别单元格分为年轻出生队列和年长出生队列，从而形成了比原二维表格多一维度（年轻出生队列和年长出生队列）的三维表格，避免了变量间的线性相关关系，使年龄-时期-队列模型的参数可以识别。具体来说，在队列效应 $\gamma_k$ 里，年长出生队列组为 $k = a - i + j$，而年轻出生队列组为 $k = a - i + j + 1$。虽然个体记录法解决了不可识别问题，并且具有出生队列不相互重叠的天然优势，但在年龄效应中，两个调整的出生队列具有相当大的偏差。有研究表明，在低年龄组下，年轻出生队列有低估的情况，而年长出生队列却有高估的情形；在高年龄组下，年轻出生队列有高估的情况，而年长出生队列却有低估的情形[1]。此外，个体记录法的两出生队列的年龄效应在分组后应均衡分布的这一假设也很难实现。

（6）内生因子法（Intrinsic Estimator）：又称为本质估计法。该方法的核心思想是利用向量空间投影产生模型参数估计值的唯一解。首先将 APC 模型以矩阵形

---

① Robertson C, Gandini S, Boyle P. Age-period-cohort models: A comparative study of available methodologies[J]. Journal of Clinical Epidemiology, 1999, 52(52): 569-583.

式表示为 $Y = Xb + \varepsilon$，其中 $b = (\mu, \alpha_1, \cdots, \alpha_a, \beta_1, \cdots, \beta_p, \gamma_1, \cdots, \gamma_{a+p-1})^{\mathrm{T}}$。将任意一个参数的估计值 $\hat{b}$ 进行正交分解（orthogonal decomposition），记作 $\hat{b} = B + tB_0$，其中 $t$ 为任意实数，$B$ 为内生因子估计值，$B_0$ 表示设计矩阵中对应于特征根为 0 的特征向量，即将参数向量空间 $P$ 分解为 $P = N \oplus \Theta$（$N$ 表示由 $sB_0$ 所延展之零空间，$s$ 为实数，$\Theta$ 表示与 $N$ 正交的非零空间）。由于 $B_0$ 属于设计矩阵的零子空间，故 $XB_0 = 0$。将参数值投影到非零空间即可获得内生因子估计值：$B = (I - B_0B_0^{\mathrm{T}})\hat{b}$。尽管内生因子法根据上述过程获得唯一解，但已有证据表明，内生因子法同样对年龄、时期和队列效应假定了一个特定的约束，该假设不仅取决于年龄组、时期组和队列组的数目，还很难在实证研究中得到验证；内生因子法的这一特征实际上与任意约束法中假定的约束没有区别（除了任意约束法的约束不会随着年龄、时期和队列的数目改变而变化外）。内生因子法可能产生偏差并产生潜在误导性的估计，在没有理论依据的情况下，该法不能也不应该被视作不可识别问题真正的解决方案。

（7）平滑队列模型（Smoothing Cohort Model）：又称为 spline 函数法。该法的核心思想是，对于资料数据较少的队列，可以借助相邻资料数据较多的队列调整其当代队列效应，避免原先队列结构上的线性相关问题。具体而言，该法通过平滑（smoothing）函数（一般以 spline 函数为主）对队列效应做局部回归（该想法与自身回归模型相似，不同之处在于不需要假设队列效应为随机性），其模型可表达为：

$$Y_{ij} = \mu + \alpha_i + \beta_j + S_{\gamma k} + \varepsilon_{ij} \tag{2.27}$$

其中，$i = 1, \cdots, a, j = 1, \cdots, p, k = 1, \cdots, a + p - 1$，且 $\sum\limits_{i=1}^{a} \alpha_i = \sum\limits_{j=1}^{p} \beta_j = \sum\limits_{k=1}^{a+p-1} S_{\gamma k} = 0$（$S(\cdot)$ 为平滑函数，$S_{\gamma k} = S(k; \gamma_1, \cdots, \gamma_{a+p-1})$）。模型的参数估计采用的是回溯拟合算法（Backfitting Algorithm），将年龄、时期效应看作固定效应，利用到了 APC 模型资料中出生队列相互之间有重叠这一特征。有研究表明，平滑队列模型法只有在大样本时对于年龄、时期、队列效应的估计值才较为一致，当样本量尤其是时期组数较少时，采取平滑队列模型法进行参数估计其值可能存在较大偏差。

（8）次序法（Sequential Method）：又称为序列法。该法的基本思想是，为了解决不可识别问题，可先估计年龄、时期、队列这三个因素中的其中两个因素的参数，然后再估计未估计的因素，其按照因素的重要性可分为两种：ACP 次序法与 APC 次序法。假定时期平均效应为 0，队列效应表示相对于参考队列的相对危险度，年龄效应表示参考队列的平均年龄别率值。以 ACP 次序为例，$k_0$ 为参考队列，估计 AC 模型，获得年龄的参数估计值 $\hat{\alpha}_i$ 和队列 $\hat{\gamma}_k$ 的参数估计值及对应的标准差。再用 $\hat{\alpha}_i + \hat{\gamma}_k + \log(N_{ij})$ 作为调整项，在 $\log(D_{ij}) = [\hat{\alpha}_i + \hat{\gamma}_k + \log(N_{ij})] + \beta_j$ 模型中估计时期效应的参数估计值 $\hat{\beta}_j$ 和标准差。如果有先验信息表明结果率值的改变主要是队列效应的作用，那么 ACP 次序法将会是一个偏差不大的建模估计。但是由于 ACP 次序法里的时期效应仅仅为估计完年龄和队列效应后的残差，如果队列效应不是结果率值改变的主因，那毫无疑问，最后估计出的参数值将有较大的偏差，而实际应用中，先验信息往往不易获得或知晓。

此外，目前针对年龄-时期-队列模型的不可识别问题还有很多其他方法，如分层 APC 法（Hierarchical APC（HAPC），又称为交叉分类 APC 法）、自身回归法（Autoregressive Mode，又称为自回归法、自我回归法）、混合模型（Mixed Model, APCMM）、非参数法（Nonparametric Method，又称为无母数法）、非线性模型法（Nonlinear Models）、非参数因果模型法（Nonparametric Causal Models），等等。这些方法也同前述的方法一样，存在不同的问题，并无法真正解决不可识别问题。目前这些方法的有关应用相对较少，本书在此不对其原理进行详述，仅对其缺点简要介绍如下：

分层 APC 法：实际上使用了多个约束来获取唯一估计，当这些约束任何一个无法满足时，所得估计可能是高度偏倚的，而验证这些约束的外部信息很难得到或不存在。

自身回归法：数据的队列效应不一定满足一阶自身回归（AR（1））的假设前提条件。

混合模型法：其本质与分层模型相似（不同之处在于混合模型只需要汇总数据），被选作随机效应的因素极大程度影响了两个固定效应因素的估计值。

非参数法：仅能比较时期和队列效应，无法检验年龄效应，并且无法得出参数估计值。

非线性模型法：参数估计不稳定，且引入的交互作用参数不易解释。

非参数因果模型法：可看作是代理变量法的延伸，故同样存在所选取的代替变量对可能不能完全解释年龄、时期、队列效应对结果的影响的问题，并且该法的假设前提条件不一定成立。

## 2.4.5 可估计函数法

### 1. 多维空间中的线性向量解

对于 $X^T X b = X^T y$，如果设计矩阵 $X$ 是一个满秩矩阵，就可以通过将等式的两端同时左边乘以 $X^T X$ 的逆矩阵 $(X^T X)^{-1}$，来获得未知的回归系数的未知向量 $b$ 的一个唯一的最小二乘解，见式（2.25）。但遗憾的是，由于"队列 = 时期 − 年龄"，设计矩阵 $X$ 的列存在有线性依赖问题，导致我们无法通过上述方法求取回归系数的未知向量 $b$ 的值。这是因为在这种情况下，$X^T X$ 的逆矩阵 $(X^T X)^{-1}$ 并不存在：在年龄-时期-队列模型中，存在有一个元素不全为 0 的向量 $v$，使得设计矩阵 $X$ 右乘该向量后得到一个零向量，即 $Xv = 0$。可以认为，只要存在有这样一个元素不全为 0 且右乘设计矩阵产生零向量的向量 $v$，那么设计矩阵 $X$ 的列就存在有线性依赖问题。这个向量 $v$ 称为空向量（null vector），它的具体形式可因乘以不同的标量而改变，且其包含的元素的个数与设计矩阵 $X$ 的列个数相同，均为 $2(i + j) - 3$。空向量 $v$ 十分重要，它将被用于寻找可估计函数（estimable functions），以及说明为何所有正规方程的解全部在多维空间的一条直线上。

当运用效应编码法来编码设计矩阵 $X$ 时，空向量 $v$ 表示为如下形式：

$$v = [0; \ 1 - (i + 1)/2, \ 2 - (i + 1)/2, \ \cdots, \ (i - 1) - (i + 1)/2;$$
$$(j + 1)/2 - 1, \ (j + 1)/2 - 2, \ \cdots, \ (j + 1)/2 - (j - 1); \ 1 - (i + j)/2,$$
$$2 - (i + j)/2, \ \cdots, \ (i + j - 2) - (i + j)/2]^T$$

$$(2.28)$$

式中，0 用于对应截距元素，后面分号之间间隔的三组元素分别是年龄组元素、时期组元素和队列组元素。需要说明的是，设计矩阵的编码不会影响模型的识别，但会影响空向量的表现形式，上述 $v$ 的形式仅针对设计矩阵采用效应编码时成立。例如，当年龄组与时期组均为 5（也就是一个 5 × 5 的年龄时期表格）时，采用效应编码的设计矩阵为：

$$X = \begin{pmatrix}
1 & 1 & 0 & 0 & 1 & 0 & 0 & 0 & 0 & 0 & 1 & 0 & 0 \\
1 & 0 & 1 & 0 & 1 & 0 & 0 & 0 & 0 & 1 & 0 & 0 & 0 \\
1 & 0 & 0 & 1 & 1 & 0 & 0 & 0 & 1 & 0 & 0 & 0 & 0 \\
1 & -1 & -1 & -1 & 1 & 0 & 0 & 1 & 0 & 0 & 0 & 0 & 0 \\
1 & 1 & 0 & 0 & 0 & 1 & 0 & 0 & 0 & 0 & 0 & 1 & 0 \\
1 & 0 & 1 & 0 & 0 & 1 & 0 & 0 & 0 & 0 & 1 & 0 & 0 \\
1 & 0 & 0 & 1 & 0 & 1 & 0 & 0 & 0 & 1 & 0 & 0 & 0 \\
1 & -1 & -1 & -1 & 0 & 1 & 0 & 0 & 1 & 0 & 0 & 0 & 0 \\
1 & 1 & 0 & 0 & 0 & 0 & 1 & 0 & 0 & 0 & 0 & 0 & 1 \\
1 & 0 & 1 & 0 & 0 & 0 & 1 & 0 & 0 & 0 & 0 & 1 & 0 \\
1 & 0 & 0 & 1 & 0 & 0 & 1 & 0 & 0 & 0 & 1 & 0 & 0 \\
1 & -1 & -1 & -1 & 0 & 0 & 1 & 0 & 0 & 1 & 0 & 0 & 0 \\
1 & 1 & 0 & 0 & -1 & -1 & -1 & -1 & -1 & -1 & -1 & -1 & -1 \\
1 & 0 & 1 & 0 & -1 & -1 & -1 & 0 & 0 & 0 & 0 & 0 & 1 \\
1 & 0 & 0 & 1 & -1 & -1 & -1 & 0 & 0 & 0 & 0 & 1 & 0 \\
1 & -1 & -1 & -1 & -1 & -1 & -1 & 0 & 0 & 0 & 1 & 0 & 0
\end{pmatrix}$$

其对应的空向量为

$$v = (0; -2, -1, 0, 1; 2, 1, 0, -1; -4, -3, -2, -1, 0, 1, 2, 3)^{\mathrm{T}}$$

显然，该向量与设计矩阵的点积能够使其设计矩阵的每一行结果为 0，能够满足 $Xv = 0$。

需要再次明确的是，APC 模型的设计矩阵 $X$ 不满秩导致的问题并不是使常规方程无解；相反，这种情况使得常规方程存在有无穷多个解，并且这些解均位于多维空间内的一条直线上。假定 $b_{c1}$ 是年龄-时期-队列模型常规方程的其中一个解，那么该向量右乘 $X^{\mathrm{T}}X$ 则有 $X^{\mathrm{T}}y$：

$$X^{\mathrm{T}}Xb_{c1} = X^{\mathrm{T}}y \tag{2.29}$$

由于设计矩阵 $X$ 的列存在线性依赖问题，$b_{c1}$ 只是常规方程无穷多个解的其中之一。根据前文所述，这种线性依赖问题产生的原因是设计矩阵列的线性组合能生成零向量，即存在：

$$Xsv = 0 \tag{2.30}$$

其中，$s$ 表示乘以空向量使其具体形式变化的标量。由式(2.30)可推出 $X^T X s v = 0$，故式(2.29)可进一步写为：

$$X^T X b_{c1} + X^T X s v = X^T y \qquad (2.31)$$

将 $X^T X$ 作为公因子提出来，可将上式整理如下：

$$X^T y = X^T X (b_{c1} + s v) \qquad (2.32)$$

从上式很容易看出，除了 $b_{c1}$ 外，常规方程还存在有许多别的解，即

$$b_c = b_{c1} + s v \qquad (2.33)$$

该等式表示位于多维空间内一条直线的向量方程，其中 $s v$ 可视作 $b_{c1}$ 上每个点的方向。常规方程的任意最小二乘解加上 $s v$ 都可以右乘 $X^T X$ 后得到与 $X^T y$ 同样的值。由于所有的解均为常规方程的解，所以它们都是最小二乘解。又因为 APC 模型中设计矩阵的秩亏(Rank Deficient)仅为 1，故在多维空间内的那一直线上的(无数个)解是常规方程的仅有的最小二乘解。

在前述介绍的各种用于解决年龄-时期-队列模型不可识别问题的方法中，大多数方法实际上就是通过某一广义逆矩阵(Generalized Inverse)来添加一个明显的或者不明显的约束条件。但无论这个约束条件是什么，由其产生的解必定位于多维空间内的那条(无数个)解的直线上。我们用 $cx$ 表示某约束 $c$ 下广义逆矩阵的下标，则在该约束条件下求出的唯一解为 $b_{cc}$ 且位于直线 $b_c = b_{c1} + s v$ 上，其表达式如下：

$$b_{cc} = (X^T X)_{cc}^- X^T y = G_{cc} X^T y \qquad (2.34)$$

其中，$G_{cc} = (X^T X)_{cc}^-$，它是在约束条件 $c$ 下的广义逆矩阵。可以看出，不同的广义逆矩阵将会产生不同的解。

## 2. 可估计函数的验证条件

年龄-时期-队列模型可以矩阵形式记为：$y = X b + \varepsilon$，则向量 $b$ 估计值的常规方程可进一步写为：

$$X^T X \hat{b} = X^T y \qquad (2.35)$$

式中，$\hat{b}$ 为向量 $b$ 估计值。由于 APC 模型的设计矩阵 $X$ 不是满秩矩阵，我们现将上式改写成如下形式：

$$X^T X b_{cx} = X^T y \qquad (2.36)$$

式中，$b_{cx}$ 代表常规方程的某一个解。这是因为 $(X^\mathrm{T}X)$ 是奇异矩阵，常规方程有无数多个解，但所有的这些解都不能被视作向量 $b$ 估计量 $\hat{b}$。值得强调的是，$b_{cx}$ 只能视作常规方程的其中一个解，很多学者都证明了其不恒定性(其中较为简单明了的阐释可参见 S. R. Searle 所假设的有关教育程度和投资指数的示例①)，它并不能代表向量 $b$ 估计量 $\hat{b}$。

虽然常规方程的解不唯一，即 $b_{cx}$ 不恒定，但 $b_{cx}$ 内未知参数的某些线性函数值是恒定的，它们并不随着 $b_{cx}$ 的值变化而变化，这些线性函数被称为可估计函数(estimable functions)。正是由于可估计函数的这种恒定性质，不少学者认为，当常规方程解不唯一时，可估计函数才应该是研究者所关注的唯一焦点，只有基于可估计函数的方法才应该被推荐使用。

具体来说，倘若未知参数的某一线性函数等于观测值的向量 $y$ 的期望值的某个线性函数，则我们说未知参数的这个线性函数是可估计的。也就是说，如果对于某个向量 $t^\mathrm{T}$，有：

$$q^\mathrm{T}b_{cx} = t^\mathrm{T}E(y) \tag{2.37}$$

那么 $q^\mathrm{T}b_{cx}$ 则被认为是可估计的。其中，向量 $t^\mathrm{T}$ 的具体值与其存在性相比并不重要。因为要使 $q^\mathrm{T}b_{cx}$ 可估，只需要确保至少有一个观测值的向量 $y$ 的期望值的线性函数，其值 $t^\mathrm{T}E(y)$ 等于 $q^\mathrm{T}b_{cx}$ 即可。又由于有

$$t^\mathrm{T}E(y) = E(t^\mathrm{T}y) \tag{2.38}$$

所以只需要确保至少有一个观测值的向量 $y$ 的线性函数的 $t^\mathrm{T}y$，其期望值 $E(t^\mathrm{T}y)$ 等于 $q^\mathrm{T}b_{cx}$ 就能够使 $q^\mathrm{T}b_{cx}$ 可估。一般而言，有许多有观测值的向量 $y$ 的线性函数的 $t^\mathrm{T}y$ 能满足这一条件。

可估计函数根据其定义有如下五个重要的性质：

(1)任意观测值的期望值可估计。由可估计函数的定义可知，倘若有某个向量 $t^\mathrm{T}$ 能使 $q^\mathrm{T}b_{cx} = t^\mathrm{T}E(y)$，则 $q^\mathrm{T}b_{cx}$ 被认为是可估计的。使向量 $t^\mathrm{T}$ 中只有一个元素不为 0，则 $t^\mathrm{T}E(y)$ 是可估计的，那么向量 $E(y)$ 中的每个元素也都是可估计的。

(2)可估计函数的任意线性组合也是可估计的。这是因为每一个可估计函数都是向量 $E(y)$ 中元素的线性组合，故可估计函数的任意线性组合依然是向量

---

① Searle S R, Gruber M H J. Linear Models[M]. 2nd Edition. New York：Wiley, 2016.

$E(y)$ 中元素的某个线性组合，那么可估计函数的线性组合肯定也是可估的。

（3）可估计函数的充要条件是 $q^T = t^T X$。要使 $q^T b_{cx}$ 是可估计的，则必须有某个向量 $t^T$ 能使等式 $q^T b_{cx} = t^T E(y)$ 成立。又因为 $E(y) = X b_{cx}$，将其代入前式则有：$q^T b_{cx} = t^T X b_{cx}$。由此可看出，决定某函数是否为可估计函数的条件并不依赖于向量 $b_{cx}$ 的值，也就是说对于任意向量 $b_{cx}$ 都能使前式满足。因此，只要有某个向量 $t^T$ 能满足 $q^T = t^T X$，则 $q^T b_{cx}$ 是可估计的。

（4）$q^T b$ 的值并不随 $b_{cx}$ 改变而变化。这是因为由 $q^T b_{cx} = t^T X b_{cx}$ 和 $b_{cx} = (X^T X)_{cx}^- X^T y = G_{cx} X^T y$ 可知，$q^T b_{cx} = t^T X G_{cx} X^T y$，而根据广义逆矩阵的性质可知对于所有广义逆矩阵 $G_{cx}$ 而言，$X G_{cx} X^T$ 的值是固定不变的，故 $q^T b_{cx}$ 的值并不随 $b_{cx}$ 改变而变化；

（5）$q^T b_{cx}$ 是 $q^T b$ 的最佳线性无偏估计量（best, linear, unbiased estimator, BLUE）。具体证明过程参见 S. R. Searle 给出的论证[①]。

可以看出，可估计函数的第三条性质可以用来检验某函数是否为可估计函数：只要有某个向量 $t^T$ 能满足：

$$q^T = t^T X \tag{2.39}$$

则 $q^T b_{cx}$ 是可估计的。但确定是否存在能使能 $q^T = t^T X$ 成立的向量 $t^T$ 并不容易，尤其当设计矩阵 $X$ 维度很大时。检验某函数是否为可估计函数的一个较为简便的办法是确定是否某个向量 $q^T$ 能满足下式：

$$q^T H = q^T \tag{2.40}$$

该检验标准由 S. R. Searle 提出，笔者暂将其称作 Searle 检验标准，其证明过程如下：在等式 $q^T = t^T X$ 左右两端同时乘以矩阵 $H$，则有

$$q^T H = t^T X H \tag{2.41}$$

其中，$H = G_{cx} X^T X$，那么：

$$q^T H = t^T X H = t^T X G_{cx} X^T X \tag{2.42}$$

根据广义逆矩阵的性质可知

$$X G_{cx} X^T X = X \tag{2.43}$$

再将式（2.43）代入式（2.42），得

---

① Searle S R, Gruber M H J. Linear Models[M]. 2nd Edition. New York：Wiley, 2016.

$$q^{\mathrm{T}}H = t^{\mathrm{T}}XH = t^{\mathrm{T}}XG_{cx}X^{\mathrm{T}}X = t^{\mathrm{T}}X \qquad (2.44)$$

又由于有式(2.39)，则上式可进一步写为

$$q^{\mathrm{T}}H = t^{\mathrm{T}}XH = t^{\mathrm{T}}XG_{cx}X^{\mathrm{T}}X = t^{\mathrm{T}}X = q^{\mathrm{T}} \qquad (2.45)$$

证明完毕。而根据式(2.40)可进一步求得向量 $q^{\mathrm{T}}$ 的表达式：

$$q^{\mathrm{T}} = q^{\mathrm{T}}H = q^{\mathrm{T}}G_{cx}X^{\mathrm{T}}X \qquad (2.46)$$

又有 $t^{\mathrm{T}} = q^{\mathrm{T}}G_{cx}X^{\mathrm{T}}$，则有

$$q^{\mathrm{T}} = t^{\mathrm{T}}X \qquad (2.47)$$

故可知，函数 $q^{\mathrm{T}}b_{cx}$ 是可估计函数的充分必要条件是：$q^{\mathrm{T}}H = q^{\mathrm{T}}$，其中 $H = G_{cx}X^{\mathrm{T}}X$，$G_{cx}$ 是广义逆矩阵；可估计函数的值不随广义逆矩阵 $G_{cx}$ 的变化而改变，也就是说，其值对于任何限制条件而言都是恒定不变的。

### 3. 可估计函数的确立

Searle 检验标准的优点在于它省去了求出向量 $t^{\mathrm{T}}$ 的麻烦。但作为一个直接的检验标准，Searle 检验标准仍然存在不少计算量，并且在确立可估计函数的推导过程中并不直观，这导致它并没有被相关学者广泛应用在可估计函数的文献中。事实上，虽然目前不同的研究者通过不同的文献确立了一系列函数是可估计函数，包括：截距(intercepts)、偏移(drifts，又称作 linear trends，即线性趋势)、偏差(deviations，又称作 nonlinear trends，即非线性趋势)、曲率(curvatures，又称作 second differences，即二阶差分)以及斜率差(slope contrasts，又称作相邻组块的年龄、时期或队列的对数线性趋势之间的差异)。但这些研究者在确立这些可估计函数时采取的方法以及表现形式都不尽相同(如简单代数法、线性代数法等)，缺乏一个普适性强的一般方法能够在统一的框架内证明上述函数的可估计性。R. M. O' Brien 在"多维空间中的线性向量解"的基础上，巧妙地提出利用一个新的方法——$l^{\mathrm{T}}sv$ 法则，即在统一的框架内确立可估计函数。

现已知常规方程的解不唯一，但均位于多维空间内一条直线的向量方程上，即 $b_c = b_{c1} + sv$，其中 $sv$ 可视作 $b_{c1}$ 上每个点的方向，而且可估计函数则是这些位于该直线上的解的某些特定线性组合。如果能够找出 $sv$ 的某个线性组合其值为 0，那么就有 $b_c$ 恒等于 $b_{c1}$。也就是说，使 $b_c = b_{c1} + sv$ 的两侧同时乘以线性组合 $l^{\mathrm{T}}$ 得到 $l^{\mathrm{T}}b_c = l^{\mathrm{T}}b_{c1} + l^{\mathrm{T}}sv$，那么要让 $l^{\mathrm{T}}b_c = l^{\mathrm{T}}b_{c1}$，只需要满足 $l^{\mathrm{T}}sv = 0$。如果 $l^{\mathrm{T}}sv =$

0，那么不同约束条件下求得的参数估计向量解的特定线性组合值是恒定的，因为所有参数估计向量解之间只有 $s\boldsymbol{v}$ 的差别。值得指出的是，法则 $\boldsymbol{l}^{\mathrm{T}} s\boldsymbol{v} = 0$ 里的 $\boldsymbol{l}^{\mathrm{T}}$ 必须为向量，而不能是矩阵，且必须是数字 0 而不是向量 $\boldsymbol{0}$，否则参数估计向量解的特定线性组合就并不是真正的可估计函数(故内生因子法里的 IE 并不恒定也并不是一个可估计函数)。前述的可估计函数均可用 $\boldsymbol{l}^{\mathrm{T}} s\boldsymbol{v}$ 法则在统一的框架内确立其可估计性：

(1)个别效应系数和截距：在年龄-时期-队列多分类模型里，虽然年龄、时期、队列效应并不是可估计函数。但在某些情况下，个别效应系数和整个方程的截距是可估计的。由于 $s\boldsymbol{v}$ 是用于区分常规方程不同的最小二乘解，根据对空向量 $\boldsymbol{v}$ 内对应效应系数的个体元素进行研究，即可找出这些可估计的效应系数和整个方程的截距。当空向量内某元素为 0 时，对于任意限制条件下的解，该元素对应的参数其估计值对于所有最小二乘解而言都是恒定不变的。也就是说，用 $v_i$ 表示空向量 $\boldsymbol{v}$ 内的第 $i$ 个元素，$b_i$ 表示解向量 $\boldsymbol{b}$ 内对应的第 $i$ 个元素，如果有 $v_i = 0$，那么无论 $s$ 取值如何，都有 $b_i = b_i + sv_i$。由于采用的是效应编码对设计矩阵 $\boldsymbol{X}$ 进行的编码，易知整个方程的截距总是可以估计的；并且当年龄、时期或队列组数为奇数时，年龄、时期和队列效应系数的正中间参数是可估计的。但是显然，这些可估计的个别效应系数实际意义并不大。

(2)二阶差分：在 APC 模型里，二阶差分反映的是年龄、时期、队列效应系数改变率的增加或减少，并且这些二阶差分都是可估计函数，也就是说，它们的值不随 APC 模型的约束条件的改变而变化。以年龄效应为例，用 $v_{ia}$ 表示空向量 $\boldsymbol{v}$ 内对应年龄效应 $a_i$ ($i = 1, 2, \cdots, I$) 的元素，其中空向量的编码是线性并且等间距的，那么前三个年龄效应系数的二阶差分为

$$(a_2 - a_1) - (a_3 - a_2) = -a_1 + 2a_2 - a_3 \tag{2.48}$$

而采用另外一种约束条件后的前三个年龄效应系数的二阶差分为

$$\begin{aligned} &[(a_2 + sv_{2a}) - (a_1 + sv_{1a})] - [(a_3 + sv_{3a}) - (a_2 + sv_{2a})] \\ &= -(a_1 + sv_{1a}) + 2(a_2 + sv_{2a}) - (a_3 + sv_{3a}) \end{aligned} \tag{2.49}$$

又由于有 $-sv_{1a} + 2sv_{2a} - sv_{3a} = 0$ (空向量的编码是线性并且等间距的)，那么新约束条件下的前三个年龄效应系数的二阶差分依旧为：$-a_1 + 2a_2 - a_3$，故该二阶差分是可估计函数。同理可知，任意连续三个年龄效应系数的二阶差分

$(a_{i+1} - a_i) - (a_{i+2} - a_{i+1})$ 和任意连续三个时期效应系数的二阶差分 $(p_{j+1} - p_j) - (p_{j+2} - p_{j+1})$ 以及任意连续三个队列效应系数的二阶差分 $(c_{k+1} - c_k) - (c_{k+2} - c_{k+1})$ 都是可估计函数。

(3) 斜率的特定组合：在 APC 模型里，虽然年龄、时期、队列效应的斜率其本身不是可估计的，但斜率的某些线性组合却是可估计函数，其值不随 APC 模型的约束条件的改变而变化。用 $t_a$、$t_p$ 和 $t_c$ 分别代表年龄、时期和队列效应系数的斜率，再用 $v_{ia}$、$v_{jp}$ 和 $v_{kc}$ 分别表示空向量 $v$ 内对应年龄效应 $a_i$ ($i = 1$, $2$, $\cdots$, $I$)、时期效应 $p_j$ ($j = 1$, $2$, $\cdots$, $J$) 和队列效应 $c_k$ ($k = 1$, $2$, $\cdots$, $K$) 的元素，那么另一约束条件下年龄、时期和队列效应系数新的斜率则分别为 $t_a + s(v_{2a} - v_{1a})$、$t_p + s(v_{2p} - v_{1p})$ 和 $t_c + s(v_{2c} - v_{1c})$。空向量 $v$ 内的元素只随着乘以不同的标量而变化，但是其年龄、时期、队列组相邻元素相互之间的差值相等，即：

$$|v_{2a} - v_{1a}| = |v_{2p} - v_{1p}| = |v_{2c} - v_{1c}| \qquad (2.50)$$

需要注意的是，年龄组相邻元素之间的差值与队列组相邻元素之间的差值符号相同，与时期组相邻元素之间的差值符号相异。那么则有

$$t_a + t_p = [t_a + s(v_{2a} - v_{1a})] + [t_p + s(v_{2p} - v_{1p})] \qquad (2.51)$$

$$t_p + t_c = [t_p + s(v_{2p} - v_{1p})] + [t_c + s(v_{2c} - v_{1c})] \qquad (2.52)$$

$$t_a - t_c = [t_a + s(v_{2a} - v_{1a})] - [t_c + s(v_{2c} - v_{1c})] \qquad (2.53)$$

也就是说，在年龄-时期-队列模型中 $t_a + t_p$、$t_p + t_c$、$t_a - t_c$ 这三组斜率的特定组合是可估计函数。进一步说，斜率诸如 $R_1 t_a + R_2 t_p + (R_2 - R_1) t_c$ 的线性组合都是可估计函数，其中 $R_1$ 和 $R_2$ 是任意实数。

(4) 斜率差：除了年龄、时期、队列效应斜率的某些线性组合是可估计函数外，年龄/时期/队列效应的组内斜率差也被证实是可以估计的。以年龄效应为例，若将年龄组效应系数分为两组：第一组为 $i = 1$, $2$, $\cdots$, $a$，第二组为 $i = a + 1$, $\cdots$, $I$，用 $t_{a1}$ 和 $t_{a2}$ 分别表示两组年龄效应系数的斜率，那么另一约束条件下两组年龄效应系数新的斜率分别为 $t_{a1} + s(v_{2a} - v_{1a})$ 和 $t_{a2} + s(v_{2a} - v_{1a})$。又因为空向量 $v$ 的编码是线性并且等间距的，故有

$$t_{a2} - t_{a1} = [t_{a2} + s(v_{2a} - v_{1a})] - [t_{a1} + s(v_{2a} - v_{1a})] \qquad (2.54)$$

成立。也就是说，年龄组效应系数组内斜率差是可估计函数。同理可知，时期组和队列组效应系数组内斜率差也同样为可估计函数。

(5) 偏差: 在 APC 模型中, 如果把年龄效应、时期效应和队列效应正交分解为线性部分 (linear components) 和非线性部分 (non-linear components), 那么虽然年龄效应、时期效应和队列效应的线性部分仍是不可估计的, 但是其非线性部分却是可以估计的。年龄效应、时期效应和队列效应的这些可以估计的分线性部分, 称为偏差 (deviations)。以年龄效应为例, 用 $v_{ia}$ 表示空向量 $v$ 内对应年龄效应 $a_i$ ($i=1$, $2$, $\cdots$, $I$) 的元素, 用 $t_a \cdot i_a$ 表示年龄效应的线性部分 (其中 $t_a$ 为年龄效应系数的斜率, 未进行中心化处理前的 $i_a = 1$, $2$, $\cdots$, $I$), 那么偏差则可以表示为 $a_i - t_a \cdot i_a$。又由于在另一约束条件下新的年龄效应为 $a_i + sv_{ia}$, 年龄效应系数新的斜率为 $t_a + s(v_{2a} - v_{1a})$, 其对应的线性部分为 $[t_a + s(v_{2a} - v_{1a})] \cdot i_a$, 则新的年龄效应对应的偏差为 $(a_i + sv_{ia}) - [t_a + s(v_{2a} - v_{1a})] \cdot i_a$。又因为有 $sv_{ia} = s(v_{2a} - v_{1a}) \cdot i_a$, 参见 O'Brien 的证明[1], 则有:

$$a_i - t_a \cdot i_a = (a_i + sv_{ia}) - [t_a + s(v_{2a} - v_{1a})] \cdot i_a \tag{2.55}$$

成立。也就是说, 正交分解后, 年龄组效应对应的偏差是可估计函数。同理可知, 正交分解后, 时期效应和队列效应对应的偏差也同样为可估计函数。

已用 $l^T sv$ 法则得知以上均为可估计函数, 但需要注意的是, 这些传统可估计函数的解释性较差, 这导致可估计函数法的参数解释不如其他方法直观。但是近年来, 许多学者尝试引入了新的可估计函数进行年龄-时期-队列模型分析并取得了成功, 这其中包括: 纵向年龄曲线 (Longitudinal Age Curve, LAC)、净偏移 (Net Drift)、局部偏移 (Local Drifts)、时期相对危险度 (Period Rate Ratio, PRR)、队列相对危险度 (Cohort Rate Ratio, CRR)。这些新的可估计函数基本上均由传统的可估计函数构造而成, 并且具有较好的解释性。

(6) 纵向年龄曲线: 纵向年龄曲线由控制队列效应并且调整时期效应后的拟合纵向年龄别率值绘制而成, 它是所有出生队列年龄别经验的外推整合, 可用于替代年龄效应, 其含义为: 来自同一出生队列 (参照组队列) 某个群体在其生长的整个生命历程中不同年龄阶段时的发病或死亡风险。纵向年龄曲线的表达式如下

$$\text{LAC} = \mu + (t_a + t_p)(i - \bar{i}) + \widetilde{\alpha}_i \tag{2.56}$$

---

① O'Brien R. Age-period-cohort Models: Approaches and Analyses with Aggregate Data[M]. CRC Press, 2014.

式中，$\mu$ 为 APC 模型里的截距；$t_a$ 和 $t_p$ 分别代表年龄和时期效应系数的斜率；$\widetilde{\alpha}_i$ 为年龄效应偏差。由于前文 (1) 中已证明 $\mu$ 可估计，(3) 中已证明 $t_a + t_p$ 的值可估计，(5) 中已证明年龄效应偏差 $\widetilde{\alpha}_i$ 可估计，故纵向年龄曲线亦是一个可估计函数。

(7) 净偏移和局部偏移：净偏移是所有年龄组的人群其时期效应和队列效应的线性趋势之总和，其含义为：某段时期内每一年的对数线性率值的平均年度变化百分比。净偏移的表达式如下：

$$\text{Net Drift} = t_p + t_c \qquad (2.57)$$

式中，$t_p$ 和 $t_c$ 分别代表时期和队列效应系数的斜率，由于前文 (3) 中已证明 $t_p + t_c$ 的值可估计，故净偏移是一个可估计函数。在概念上，净偏移与年龄标化率值的估计年度变化百分比 (EAPC) 类似，但由于其控制了队列效应，净偏移在解释疾病率值的时间变化趋势时要优于基于截面年龄标化率值的后者。局部偏移同样是一个可估计函数，它代表某单个年龄组在某段时期内每一年的对数线性率值的平均年度变化百分比，在概念上与某单个年龄组率值的估计年度变化百分比 (EAPC) 类似。

(8) 时期相对危险度：时期相对危险度是某一时期内的年龄别率值与参照组时期内年龄别率值的比值，可用于替代时期效应，其含义为：调整年龄和队列效应后，所有年龄组的人群因不同时期或时点所引起的发病或死亡风险差异。时期相对危险度的表达式如下：

$$\text{PRR} = (t_p + t_c)(j - \bar{j}) + \widetilde{\beta}_j \qquad (2.58)$$

式中，$t_p$ 和 $t_c$ 分别代表时期和队列效应系数的斜率；$\widetilde{\beta}_j$ 为时期效应偏差。由于前文 (3) 中已证明 $t_p + t_c$ 的值可估计，(5) 中已证明时期效应偏差 $\widetilde{\beta}_j$ 可估计，故时期相对危险度亦是一个可估计函数。

(9) 队列相对危险度：队列相对危险度是某一队列的年龄别率值与参照组队列年龄别率值的比值，可用于替代队列效应，其含义为：调整年龄和时期效应后，因出生队列不同或历经某事件的年龄不同而引起的发病或死亡风险差异。队列相对危险度的表达式如下：

$$\text{CRR} = (t_p + t_c)(k - \bar{k}) + \widetilde{\gamma}_k \qquad (2.59)$$

式中，$t_p$ 和 $t_c$ 分别代表时期和队列效应系数的斜率；$\tilde{\gamma}_k$ 为队列效应偏差。由于前文（3）中已证明 $t_p + t_c$ 的值可估计，（5）中已证明队列效应偏差 $\tilde{\gamma}_k$ 可估计，故队列相对危险度亦是一个可估计函数。

　　综上所述，由于存在"不可识别问题"，APC 模型的参数向量解不唯一。虽然国内外学者提出了各种各样的解决办法，但是这些方法大多数实际上就是通过某一广义逆矩阵来添加一个明显的或者不明显的约束条件来获取唯一解。不少学者开始意识到，当常规方程解不唯一时，由于可估计函数的恒定性质（它并不随解向量的不同而改变），可估计函数才应该是研究者所关注的唯一焦点，只有基于可估计函数的方法才应该被推荐使用。但是，由于传统的可估计函数解释性较差，APC 模型的可估计函数算法得到的参数，其解释不如其他方法来得直观。近年来，许多学者尝试引入了新的可估计函数进行年龄-时期-队列模型分析，并取得了成功，这其中包括：纵向年龄曲线、净偏移、局部偏移、时期相对危险度和队列相对危险度等。本研究采用这 5 个具有较强解释性的可估计函数进行伤害死亡趋势的 APC 模型分析。

## 2.4.6　年龄-时期-队列模型统计软件

　　Age-Period-Cohort Analysis Web Tool（APC Web Tool）是一款由美国 NCI 癌症流行病学和遗传学部门生物统计处（Biostatistics Branch，Division of Cancer Epidemiology and Genetics）所研发的用于对发病率或死亡率进行年龄-时期-队列模型分析的专业统计软件，该软件是基于 R 语言开发的开源程序，其核心运算代码详见 APC Web Tool 位于 Github 的开源项目（https：//github.com/CBIIT/nci-webtools-dceg-age-period-cohort）。本研究应用 APC Web Tool 统计软件实现 APC 模型分析，用估计函数法对我国伤害死亡风险的年龄效应、时期效应和队列效应进行分解。其中，年龄组、时期组和队列组数据的中间值被定义为参照组；若组内数据个数为偶数，则将参照组定义为组内最中间两个数据中次序较低的那个；Wald 卡方检验被用作检验可估计函数是否具备统计学意义。

# 第3章 伤害死亡现状与趋势

## 3.1 中国人群伤害死亡水平概况

### 3.1.1 伤害死亡水平现况

2015 年中国人群不同伤害类型死亡率如表 3-1 所示。我国全人群总伤害标化死亡率为 54.21/10 万(其粗死亡率为 56.18/10 万),其中男性总伤害标化死亡率为 74.74/10 万(其粗死亡率为 77.34/10 万),女性总伤害标化死亡率为 32.93/10 万(其粗死亡率为 33.71/10 万)。总体来看,男性伤害死亡状况与女性相比较为严重,其总伤害死亡的男女标化率之比值为 2.27,不同类别伤害死亡的男女标化率之比值范围为 1.33~3.42(除其他意外伤害外,其值为 6.98)。我国全人群、男性和女性的不同类别伤害死亡死因顺位前四位相同,依次均为道路交通伤害、自我伤害、跌落和溺水。具体而言,我国全人群道路交通伤害标化死亡率为 20.44/10 万(其粗死亡率为 22.45/10 万),其中男性道路交通伤害标化死亡率为 30.59/10 万(其粗死亡率为 33.52/10 万),女性道路交通伤害标化死亡率为 9.93/10 万(其粗死亡率为 10.69/10 万),其男女标化率之比值为 3.08;我国全人群自我伤害标化死亡率为 9.04/10 万(其粗死亡率为 9.81/10 万),其中男性自我伤害标化死亡率为 10.98/10 万(其粗死亡率为 11.50/10 万),女性自我伤害标化死亡率为 7.17/10 万(其粗死亡率为 8.02/10 万),其男女标化率之比值为 1.53;我国全人群跌落标化死亡率为 8.38/10 万(其粗死亡率为 8.13/10 万),其中男性跌落标化死亡率为 10.81/10 万(其粗死亡率为 10.45/10 万),女性跌落标化死亡率为 5.84/10 万(其粗死亡率为 5.66/10 万),其男女标化率之比值为

1.85；我国全人群溺水标化死亡率为 5.08/10 万（其粗死亡率为 4.41/10 万），其中男性溺水标化死亡率为 6.83/10 万（其粗死亡率为 5.94/10 万），女性溺水标化死亡率为 3.15/10 万（其粗死亡率为 2.79/10 万），其男女标化率之比值为 2.17。

表 3-1　　　　　　　2015 年中国人群不同伤害类型死亡率(／10 万)

| 伤害类型 | 全人群 | | 男　性 | | 女　性 | | 男女标化率之比值 |
|---|---|---|---|---|---|---|---|
| | 粗死亡率 | 标化死亡率 | 粗死亡率 | 标化死亡率 | 粗死亡率 | 标化死亡率 | |
| 道路交通伤害 | 22.45 | 20.44 | 33.52 | 30.59 | 10.69 | 9.93 | 3.08 |
| 其他交通伤害 | 1.08 | 0.98 | 1.66 | 1.49 | 0.47 | 0.44 | 3.42 |
| 跌落 | 8.13 | 8.38 | 10.45 | 10.81 | 5.66 | 5.84 | 1.85 |
| 溺水 | 4.41 | 5.08 | 5.94 | 6.83 | 2.79 | 3.15 | 2.17 |
| 接触火、高压和热物质 | 0.77 | 0.83 | 0.97 | 1.06 | 0.57 | 0.60 | 1.75 |
| 中毒 | 1.61 | 1.56 | 1.81 | 1.78 | 1.39 | 1.34 | 1.33 |
| 机械损伤 | 3.25 | 3.29 | 4.84 | 4.72 | 1.57 | 1.79 | 2.64 |
| 医疗不良反应 | 0.44 | 0.47 | 0.50 | 0.54 | 0.37 | 0.39 | 1.37 |
| 动物袭击 | 0.21 | 0.20 | 0.28 | 0.27 | 0.13 | 0.13 | 2.10 |
| 异物损伤 | 0.64 | 0.76 | 0.75 | 0.91 | 0.52 | 0.62 | 1.47 |
| 冷热环境暴露 | 0.33 | 0.34 | 0.45 | 0.47 | 0.21 | 0.21 | 2.22 |
| 其他意外伤害 | 1.58 | 1.41 | 2.74 | 2.43 | 0.36 | 0.35 | 6.98 |
| 自我伤害 | 9.81 | 9.04 | 11.50 | 10.98 | 8.02 | 7.17 | 1.53 |
| 人际间暴力 | 1.45 | 1.41 | 1.91 | 1.84 | 0.95 | 0.96 | 1.91 |
| 自然灾害、战争和法律干预 | 0.02 | 0.02 | 0.03 | 0.03 | 0.02 | 0.02 | 1.60 |
| 合计 | 56.18 | 54.21 | 77.34 | 74.74 | 33.71 | 32.93 | 2.27 |

　　2015 年中国人群伤害死亡的年龄分布如图 3-1 所示。总体来看，伤害死亡率随着年龄段的增高而呈上升趋势。具体而言，中国人群伤害死亡率在 0~4 岁年龄组先出现一个小高峰（37.33/10 万），而后，在 5~14 岁年龄段出现所有年龄组死亡率的低谷，其中最低值（20.17/10 万）出现在 10~14 岁年龄组；在此后的年龄组中，中国人群伤害死亡率除在 35~39 岁年龄组（43.22/10 万）略有回落外，

其他均不断升高，且在老年阶段上升速度加快，所有年龄组死亡率的最高值（340.43/10 万）出现在 80+岁年龄组。另外，从图 3-1 可以看出，中国人群伤害死亡占总死因构成比在不同年龄组间差异较大。具体而言，在 0~4 岁年龄组中国人群伤害死亡占总死因构成比为 15.05%，5~24 岁年龄段伤害死亡占总死因构成比值最大（均超过 55%），在此之后的伤害死亡占总死因构成比值随年龄的增高而降低，65~80+岁年龄段伤害死亡占总死因构成比值最小（均低于 5%）。

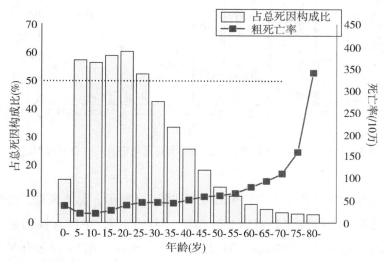

图 3-1　2015 年中国人群不同年龄组伤害总死亡率及其占总死因构成比

2015 年中国男性伤害死亡的年龄分布如图 3-2 所示。总体来看，男性伤害死亡率同样随着年龄段的增高而呈上升趋势。具体而言，中国男性伤害死亡率在 0~4 岁年龄组先出现一个小高峰（42.58/10 万），而后，在 5~14 岁年龄段出现所有年龄组死亡率的低谷，其中最低值（24.75/10 万）出现在 5~9 岁年龄组；在此后的年龄组中，中国男性伤害死亡率除在 35~39 岁年龄组（68.68/10 万）略有回落外其他均不断升高，且在老年阶段升高速度增大，所有年龄组死亡率的最高值（384.56/10 万）出现在 80+岁年龄组。另外，从图 3-2 可以看出，中国男性伤害死亡占总死因构成比在不同年龄组间差异也较大。具体而言，在 0~4 岁年龄组中国男性伤害死亡占总死因构成比为 15.98%，5~24 岁年龄段伤害死亡占总死因构成比值最大（均超过 60%），在此之后的伤害死亡占总死因构成比值随年龄的增高而降低,65~80+岁年龄段伤害死亡占总死因构成比值最小(均低于 5%)。

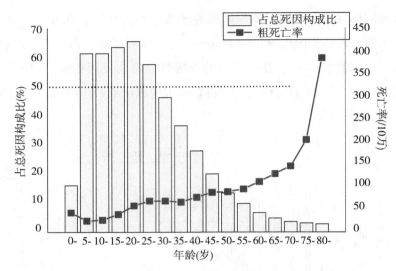

图 3-2　2015 年中国男性不同年龄组伤害总死亡率及其占总死因构成比

　　2015 年中国女性伤害死亡的年龄分布如图 3-3 所示。总体来看,女性伤害死亡率同样随着年龄段的增高而呈上升趋势。具体而言,中国女性伤害死亡率在 0~4 岁年龄组先出现一个小高峰(31.26/10 万),而后,在 5~14 岁年龄段出现所有年龄组死亡率的低谷,其中最低值(12.86/10 万)出现在 10~14 岁年龄组;在此后的年龄组中,中国女性伤害死亡率除在 35~39 岁年龄组(18.98/10 万)略有回落外,其他均在不断升高,且在老年阶段升高速度加快,所有年龄组死亡率的最高值(307.83/10 万)出现在 80+岁年龄组。另外,从图 3-3 中可以看出,中国女性伤害死亡占总死因构成比在不同年龄组间差异也较大。具体而言,在 0~4 岁年龄组中国女性伤害死亡占总死因构成比为 13.78%,5~24 岁年龄段伤害死亡占总死因构成比值最大(均超过 45%),在此之后的伤害死亡占总死因构成比值随年龄的增高而降低,65~80+岁年龄段伤害死亡占总死因构成比值最小(均低于 5%)。

　　2015 年中国人群不同年龄组伤害死亡率男女性别比(M/F)如图 3-4 所示。可以看出,男性的伤害死亡率在所有年龄组中均高于女性(所有年龄组 M/F >1)。具体来讲,伤害死亡率男女性别比从 0~4 岁年龄组(M/F=1.36)开始不断升高,在 25~29 岁年龄组出现所有年龄组死亡率的最高值(M/F＝3.63)；在此后的年龄组中，伤害死亡率男女性别比不断降低，在 80+岁年龄组出现所有年龄组死亡率的最低值(M/F＝1.25)；在 15~59 岁年龄段内伤害死亡率男女性别比值相对较高(该年龄段内所有年龄组 M/F＞2.5)。

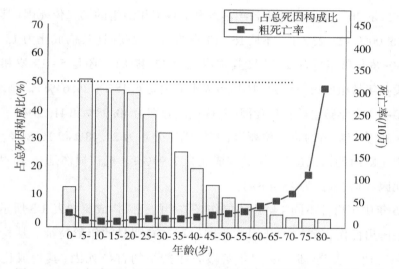

图 3-3　2015 年中国女性不同年龄组伤害总死亡率及其占总死因构成比

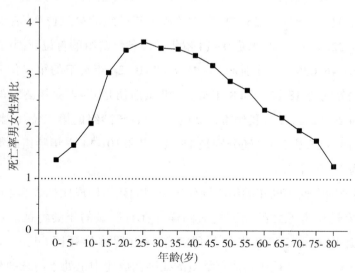

图 3-4　2015 年中国人群不同年龄组伤害死亡率男女性别比

2015 年中国人群不同年龄组不同伤害类型的死因构成比如表 3-2 所示。可以看出，中国人群伤害死亡的死因构成存在有明显的年龄特征。从构成比来看，道路交通伤害是 15～74 岁年龄段各年龄组的首位死因（其构成比范围是 31.05%～51.47%），并且在其他年龄组的死因构成比中也处于前三的死因（其构成比范围是 15.71%～34.54%）。自我伤害是 75～79 岁年龄组的首要死因（其构成比为 26.06%），是 20～74 岁年龄段各年龄组和 80+岁年龄组的第二位死因（其构成比范围是 15.00%～27.23%），还是 15～19 岁的第三位死因（其构成比为 13.36%）。跌落是 80+岁年龄组的首要死因（其构成比为 42.47%），还是 5～19 岁和 25～79 岁年龄段各年龄组的第三位死因（其构成比范围是 6.18%～24.64%）。溺水是 5～9 岁和 10～14 岁年龄组的首位死因（其构成比分别为 40.98% 和 41.29%），是 0～4 岁和 15～19 岁年龄组的第二位死因（其构成比分别为 24.48% 和 16.86%），还是 20～24 岁年龄组的第三位死因（其构成比为 7.99%）。机械损伤是 0～4 岁年龄组的首位死因（其构成比为 25.40%）。

2015 年中国男性不同年龄组不同伤害类型的死因构成比如表 3-3 所示。可以看出，中国男性伤害死亡的死因构成同样存在有明显的年龄特征。从构成比来看，道路交通伤害是 15～79 岁年龄段各年龄组的首位死因（其构成比范围是 28.24%～54.47%），并且在其他年龄组的死因构成比中也处于前三的死因（其构成比范围是 19.67%～32.4%）。跌落是 80+岁年龄组的首要死因（其构成比为 36.49%），还是 5～14 岁和 25～79 岁年龄段各年龄组的第三位死因（其构成比范围是 7.09%～22.91%）。溺水是 0～14 岁年龄段各年龄组的首位死因（其构成比范围是 26.52%～46.02%），分别是 15～19 岁和 20～24 年龄组的第二位和第三位死因（其构成比分别为 18.52% 和 8.47%）。机械损伤是 0～4 岁年龄组的首位死因（其构成比为 26.92%）。自我伤害是 20 岁以上各年龄组的第二位死因（其构成比范围是 11.31%～25.93%），还分别是 15～19 岁和 10～14 岁年龄组的第三位死因（其构成比为 10.05%）。

2015 年中国女性不同年龄组不同伤害类型的死因构成比如表 3-4 所示。可以看出，中国女性伤害死亡的死因构成同样存在有明显的年龄特征。从构成比来看，道路交通伤害是 5～69 岁年龄段各年龄组的首位死因（其构成比范围是 31.60%～43.37%），并且在其他年龄组的死因构成比中也处于前三的死因（其构

表3-2 2015年中国人群不同年龄组不同伤害类型的死因构成比

| 伤害类型 | 0~4岁 | | 5~9岁 | | 10~14岁 | | 15~19岁 | | 20~24岁 | | 25~29岁 | | 30~34岁 | | 35~39岁 | |
|---|---|---|---|---|---|---|---|---|---|---|---|---|---|---|---|---|
| | 死亡率 | 构成比(%) | 死亡率 | 构成比(%) | 死亡率 | 构成比(%) | 死亡率 | 构成比(%) | 死亡率 | 构成比(%) | 死亡率 | 构成比(%) | 死亡率 | 构成比(%) | 死亡率 | 构成比(%) |
| 道路交通伤害 | 7.83 | 20.97 | 7.01 | 34.54 | 5.63 | 27.93 | 12.13 | 45.04 | 19.57 | 50.70 | 23.03 | 51.47 | 22.49 | 50.25 | 21.58 | 49.93 |
| 其他交通伤害 | 0.41 | 1.09 | 0.28 | 1.36 | 0.26 | 1.31 | 0.53 | 1.96 | 0.87 | 2.26 | 1.10 | 2.47 | 1.09 | 2.45 | 1.05 | 2.43 |
| 跌落 | 2.45 | 6.55 | 1.45 | 7.17 | 1.39 | 6.90 | 1.66 | 6.18 | 2.52 | 6.54 | 3.17 | 7.08 | 3.59 | 8.03 | 3.98 | 9.21 |
| 溺水 | 9.14 | 24.48 | 8.31 | 40.98 | 8.33 | 41.29 | 4.54 | 16.86 | 3.08 | 7.99 | 2.34 | 5.24 | 2.17 | 4.85 | 1.86 | 4.30 |
| 接触火、高压和热物质 | 0.84 | 2.25 | 0.26 | 1.30 | 0.17 | 0.82 | 0.19 | 0.69 | 0.29 | 0.74 | 0.32 | 0.70 | 0.36 | 0.81 | 0.34 | 0.79 |
| 中毒 | 1.10 | 2.95 | 0.60 | 2.98 | 0.88 | 4.36 | 0.70 | 2.60 | 0.99 | 2.56 | 1.13 | 2.51 | 1.08 | 2.42 | 1.05 | 2.43 |
| 机械损伤 | 9.48 | 25.40 | 0.87 | 4.31 | 0.72 | 3.56 | 1.24 | 4.59 | 1.98 | 5.13 | 2.41 | 5.39 | 2.62 | 5.86 | 2.83 | 6.55 |
| 医疗不良反应 | 1.06 | 2.83 | 0.16 | 0.80 | 0.11 | 0.54 | 0.10 | 0.39 | 0.15 | 0.38 | 0.20 | 0.45 | 0.22 | 0.48 | 0.20 | 0.47 |
| 动物袭击 | 0.13 | 0.35 | 0.10 | 0.51 | 0.07 | 0.36 | 0.05 | 0.18 | 0.06 | 0.15 | 0.08 | 0.17 | 0.09 | 0.21 | 0.12 | 0.28 |
| 异物损伤 | 2.96 | 7.93 | 0.19 | 0.93 | 0.10 | 0.48 | 0.07 | 0.25 | 0.09 | 0.22 | 0.11 | 0.25 | 0.12 | 0.28 | 0.13 | 0.29 |
| 冷热环境暴露 | 0.20 | 0.53 | 0.03 | 0.14 | 0.03 | 0.16 | 0.06 | 0.22 | 0.09 | 0.24 | 0.12 | 0.27 | 0.16 | 0.35 | 0.17 | 0.40 |
| 其他意外伤害 | 0.53 | 1.42 | 0.36 | 1.75 | 0.41 | 2.05 | 0.84 | 3.10 | 1.50 | 3.88 | 1.92 | 4.30 | 2.02 | 4.51 | 1.91 | 4.41 |
| 自我伤害 | — | — | — | — | 1.35 | 6.70 | 3.60 | 13.36 | 5.79 | 15.00 | 7.01 | 15.66 | 6.98 | 15.59 | 6.59 | 15.24 |
| 人际间暴力 | 1.19 | 3.20 | 0.65 | 3.18 | 0.70 | 3.47 | 1.22 | 4.53 | 1.60 | 4.15 | 1.78 | 3.97 | 1.73 | 3.88 | 1.39 | 3.21 |
| 自然灾害、战争和法律干预 | 0.01 | 0.04 | 0.01 | 0.06 | 0.02 | 0.08 | 0.02 | 0.07 | 0.02 | 0.05 | 0.02 | 0.04 | 0.02 | 0.04 | 0.02 | 0.04 |
| 合计 | 37.33 | 100.00 | 20.29 | 100.00 | 20.17 | 100.00 | 26.94 | 100.00 | 38.60 | 100.00 | 44.75 | 100.00 | 44.75 | 100.00 | 43.22 | 100.00 |

续表

| 伤害类型 | 40~44岁 | | 45~49岁 | | 50~54岁 | | 55~59岁 | | 60~64岁 | | 65~69岁 | | 70~74岁 | | 75~79岁 | | 80+岁 | |
|---|---|---|---|---|---|---|---|---|---|---|---|---|---|---|---|---|---|---|
| | 死亡率 | 构成比(%) | 死亡率 | 构成比(%) | 死亡率 | 构成比(%) | 死亡率 | 构成比(%) | 死亡率 | 构成比(%) | 死亡率 | 构成比(%) | 死亡率 | 构成比(%) | 死亡率 | 构成比(%) | 死亡率 | 构成比(%) |
| 道路交通伤害 | 24.53 | 48.73 | 27.42 | 47.34 | 27.26 | 45.27 | 28.84 | 44.08 | 32.74 | 41.14 | 34.77 | 37.25 | 34.17 | 31.05 | 40.09 | 25.30 | 53.50 | 15.71 |
| 其他交通伤害 | 1.25 | 2.49 | 1.39 | 2.40 | 1.45 | 2.41 | 1.43 | 2.19 | 1.51 | 1.89 | 1.51 | 1.62 | 1.57 | 1.43 | 1.84 | 1.16 | 2.50 | 0.73 |
| 跌落 | 5.26 | 10.44 | 6.75 | 11.66 | 7.20 | 11.96 | 8.20 | 12.53 | 10.47 | 13.16 | 13.63 | 14.60 | 19.76 | 17.96 | 39.05 | 24.64 | 144.59 | 42.47 |
| 溺水 | 2.17 | 4.31 | 2.40 | 4.15 | 2.71 | 4.51 | 3.00 | 4.59 | 4.47 | 5.62 | 5.44 | 5.83 | 7.09 | 6.45 | 10.33 | 6.52 | 20.82 | 6.12 |
| 接触火、高压和热物质 | 0.42 | 0.83 | 0.51 | 0.88 | 0.53 | 0.88 | 0.61 | 0.93 | 0.85 | 1.07 | 1.41 | 1.51 | 2.23 | 2.02 | 4.17 | 2.63 | 12.23 | 3.59 |
| 中毒 | 1.21 | 2.40 | 1.48 | 2.56 | 1.70 | 2.82 | 1.95 | 2.98 | 2.64 | 3.32 | 3.41 | 3.65 | 4.13 | 3.75 | 5.43 | 3.42 | 8.68 | 2.55 |
| 机械损伤 | 3.47 | 6.90 | 3.70 | 6.39 | 3.49 | 5.80 | 3.40 | 5.20 | 3.42 | 4.30 | 3.52 | 3.77 | 3.61 | 3.28 | 4.99 | 3.15 | 10.69 | 3.14 |
| 医疗不良反应 | 0.24 | 0.48 | 0.30 | 0.53 | 0.32 | 0.54 | 0.40 | 0.61 | 0.62 | 0.78 | 0.89 | 0.96 | 1.23 | 1.12 | 1.99 | 1.25 | 4.03 | 1.18 |
| 动物袭击 | 0.15 | 0.30 | 0.21 | 0.37 | 0.25 | 0.42 | 0.30 | 0.46 | 0.47 | 0.59 | 0.59 | 0.63 | 0.61 | 0.56 | 0.73 | 0.46 | 1.13 | 0.33 |
| 异物损伤 | 0.15 | 0.30 | 0.22 | 0.38 | 0.29 | 0.49 | 0.41 | 0.62 | 0.68 | 0.86 | 1.04 | 1.12 | 1.73 | 1.58 | 3.21 | 2.03 | 9.22 | 2.71 |
| 冷热环境暴露 | 0.23 | 0.46 | 0.28 | 0.49 | 0.30 | 0.50 | 0.34 | 0.52 | 0.49 | 0.62 | 0.63 | 0.68 | 0.88 | 0.80 | 1.54 | 0.97 | 5.20 | 1.53 |
| 其他意外伤害 | 2.23 | 4.42 | 2.28 | 3.93 | 1.98 | 3.30 | 1.83 | 2.79 | 1.66 | 2.08 | 1.47 | 1.58 | 1.19 | 1.08 | 1.35 | 0.85 | 2.44 | 0.72 |
| 自我伤害 | 7.57 | 15.04 | 9.54 | 16.48 | 11.40 | 18.94 | 13.50 | 20.63 | 18.19 | 22.86 | 23.44 | 25.11 | 29.97 | 27.23 | 41.31 | 26.06 | 60.15 | 17.67 |
| 人际间暴力 | 1.44 | 2.86 | 1.40 | 2.42 | 1.29 | 2.14 | 1.20 | 1.83 | 1.34 | 1.68 | 1.55 | 1.66 | 1.83 | 1.66 | 2.42 | 1.52 | 5.18 | 1.52 |
| 自然灾害、战争和法律干预 | 0.02 | 0.04 | 0.02 | 0.03 | 0.02 | 0.04 | 0.02 | 0.04 | 0.03 | 0.03 | 0.03 | 0.03 | 0.04 | 0.03 | 0.04 | 0.03 | 0.06 | 0.02 |
| 合计 | 50.35 | 100.00 | 57.92 | 100.00 | 60.21 | 100.00 | 65.43 | 100.00 | 79.58 | 100.00 | 93.35 | 100.00 | 110.03 | 100.00 | 158.49 | 100.00 | 340.42 | 100.00 |

表3-3 2015年中国男性不同年龄组不同伤害类型的死因构成比

| 伤害类型 | 0~4岁 死亡率 | 0~4岁 构成比(%) | 5~9岁 死亡率 | 5~9岁 构成比(%) | 10~14岁 死亡率 | 10~14岁 构成比(%) | 15~19岁 死亡率 | 15~19岁 构成比(%) | 20~24岁 死亡率 | 20~24岁 构成比(%) | 25~29岁 死亡率 | 25~29岁 构成比(%) | 30~34岁 死亡率 | 30~34岁 构成比(%) | 35~39岁 死亡率 | 35~39岁 构成比(%) |
|---|---|---|---|---|---|---|---|---|---|---|---|---|---|---|---|---|
| 道路交通伤害 | 8.62 | 20.25 | 8.00 | 32.34 | 6.99 | 26.39 | 18.12 | 46.14 | 30.92 | 53.11 | 37.41 | 54.47 | 36.39 | 53.00 | 34.60 | 52.19 |
| 其他交通伤害 | 0.45 | 1.06 | 0.33 | 1.32 | 0.33 | 1.26 | 0.81 | 2.06 | 1.40 | 2.40 | 1.82 | 2.65 | 1.81 | 2.63 | 1.72 | 2.59 |
| 跌落 | 3.27 | 7.67 | 1.76 | 7.10 | 1.88 | 7.09 | 2.57 | 6.53 | 4.04 | 6.94 | 5.27 | 7.67 | 5.96 | 8.68 | 6.69 | 10.09 |
| 溺水 | 11.29 | 26.52 | 11.17 | 45.14 | 12.19 | 46.02 | 7.27 | 18.52 | 4.93 | 8.47 | 3.60 | 5.24 | 3.21 | 4.67 | 2.69 | 4.06 |
| 接触火、高压和热物质 | 0.87 | 2.05 | 0.26 | 1.04 | 0.17 | 0.62 | 0.23 | 0.59 | 0.40 | 0.68 | 0.45 | 0.65 | 0.53 | 0.77 | 0.50 | 0.76 |
| 中毒 | 1.26 | 2.95 | 0.59 | 2.38 | 0.86 | 3.24 | 0.74 | 1.87 | 1.10 | 1.90 | 1.26 | 1.83 | 1.21 | 1.76 | 1.18 | 1.78 |
| 机械损伤 | 10.41 | 24.44 | 1.00 | 4.03 | 0.95 | 3.59 | 1.99 | 5.06 | 3.32 | 5.70 | 4.06 | 5.91 | 4.42 | 6.44 | 4.78 | 7.22 |
| 医疗不良反应 | 1.12 | 2.63 | 0.16 | 0.63 | 0.11 | 0.41 | 0.12 | 0.31 | 0.17 | 0.30 | 0.26 | 0.38 | 0.29 | 0.42 | 0.28 | 0.42 |
| 动物袭击 | 0.14 | 0.33 | 0.12 | 0.47 | 0.08 | 0.30 | 0.07 | 0.18 | 0.09 | 0.15 | 0.12 | 0.18 | 0.15 | 0.21 | 0.19 | 0.28 |
| 异物损伤 | 3.15 | 7.41 | 0.23 | 0.94 | 0.12 | 0.44 | 0.09 | 0.22 | 0.12 | 0.20 | 0.16 | 0.23 | 0.18 | 0.26 | 0.17 | 0.26 |
| 冷热环境暴露 | 0.20 | 0.46 | 0.03 | 0.13 | 0.04 | 0.15 | 0.09 | 0.23 | 0.16 | 0.27 | 0.20 | 0.29 | 0.26 | 0.38 | 0.29 | 0.43 |
| 其他意外伤害 | 0.62 | 1.47 | 0.46 | 1.84 | 0.58 | 2.18 | 1.45 | 3.69 | 2.70 | 4.64 | 3.52 | 5.13 | 3.70 | 5.38 | 3.48 | 5.25 |
| 自我伤害 | — | — | — | — | 1.36 | 5.15 | 3.95 | 10.05 | 6.59 | 11.31 | 7.97 | 11.61 | 8.11 | 11.81 | 7.77 | 11.72 |
| 人际间暴力 | 1.16 | 2.73 | 0.64 | 2.59 | 0.82 | 3.09 | 1.77 | 4.50 | 2.26 | 3.88 | 2.56 | 3.73 | 2.44 | 3.55 | 1.93 | 2.90 |
| 自然灾害、战争和法律干预 | 0.01 | 0.03 | 0.01 | 0.05 | 0.02 | 0.07 | 0.02 | 0.06 | 0.03 | 0.04 | 0.03 | 0.04 | 0.02 | 0.04 | 0.02 | 0.04 |
| 合计 | 42.58 | 100.00 | 24.75 | 100.00 | 26.49 | 100.00 | 39.28 | 100.00 | 58.22 | 100.00 | 68.68 | 100.00 | 68.65 | 100.00 | 66.29 | 100.00 |

续表

| 伤害类型 | 40~44 岁 | | 45~49 岁 | | 50~54 岁 | | 55~59 岁 | | 60~64 岁 | | 65~69 岁 | | 70~74 岁 | | 75~79 岁 | | 80+ 岁 | |
|---|---|---|---|---|---|---|---|---|---|---|---|---|---|---|---|---|---|---|
| | 死亡率 | 构成比 (%) | 死亡率 | 构成比 (%) | 死亡率 | 构成比 (%) | 死亡率 | 构成比 (%) | 死亡率 | 构成比 (%) | 死亡率 | 构成比 (%) | 死亡率 | 构成比 (%) | 死亡率 | 构成比 (%) | 死亡率 | 构成比 (%) |
| 道路交通伤害 | 38.55 | 50.25 | 42.76 | 48.87 | 41.38 | 46.72 | 43.13 | 45.47 | 47.50 | 42.80 | 50.49 | 39.37 | 48.49 | 33.35 | 57.49 | 28.24 | 75.64 | 19.67 |
| 其他交通伤害 | 2.04 | 2.66 | 2.25 | 2.57 | 2.33 | 2.63 | 2.28 | 2.41 | 2.27 | 2.05 | 2.21 | 1.72 | 2.19 | 1.51 | 2.49 | 1.22 | 3.37 | 0.88 |
| 跌落 | 8.81 | 11.48 | 11.26 | 12.87 | 11.79 | 13.31 | 13.16 | 13.88 | 15.64 | 14.09 | 19.43 | 15.15 | 25.71 | 17.69 | 46.64 | 22.91 | 140.31 | 36.49 |
| 溺水 | 3.04 | 3.96 | 3.21 | 3.67 | 3.72 | 4.20 | 4.00 | 4.22 | 5.73 | 5.17 | 6.70 | 5.22 | 8.49 | 5.84 | 11.87 | 5.83 | 22.28 | 5.79 |
| 接触火、高压和热物质 | 0.63 | 0.82 | 0.79 | 0.90 | 0.80 | 0.90 | 0.91 | 0.96 | 1.20 | 1.08 | 2.02 | 1.57 | 3.11 | 2.14 | 5.45 | 2.68 | 14.22 | 3.70 |
| 中毒 | 1.43 | 1.87 | 1.84 | 2.10 | 2.09 | 2.36 | 2.37 | 2.50 | 3.22 | 2.90 | 3.99 | 3.11 | 4.84 | 3.33 | 6.28 | 3.08 | 9.29 | 2.41 |
| 机械损伤 | 5.85 | 7.62 | 6.20 | 7.09 | 5.87 | 6.62 | 5.60 | 5.90 | 5.40 | 4.86 | 5.22 | 4.07 | 4.90 | 3.37 | 6.60 | 3.24 | 12.32 | 3.20 |
| 医疗不良反应 | 0.31 | 0.41 | 0.40 | 0.46 | 0.41 | 0.47 | 0.49 | 0.51 | 0.73 | 0.66 | 1.08 | 0.84 | 1.48 | 1.02 | 2.30 | 1.13 | 4.37 | 1.14 |
| 动物袭击 | 0.23 | 0.30 | 0.33 | 0.37 | 0.37 | 0.42 | 0.42 | 0.44 | 0.68 | 0.61 | 0.84 | 0.65 | 0.83 | 0.57 | 0.93 | 0.46 | 1.20 | 0.31 |
| 异物损伤 | 0.22 | 0.28 | 0.31 | 0.35 | 0.41 | 0.46 | 0.56 | 0.59 | 0.93 | 0.84 | 1.41 | 1.10 | 2.30 | 1.59 | 4.27 | 2.10 | 10.52 | 2.74 |
| 冷热环境暴露 | 0.37 | 0.48 | 0.47 | 0.53 | 0.49 | 0.55 | 0.53 | 0.56 | 0.73 | 0.66 | 0.92 | 0.72 | 1.18 | 0.81 | 2.09 | 1.03 | 6.29 | 1.64 |
| 其他意外伤害 | 4.02 | 5.24 | 4.11 | 4.70 | 3.51 | 3.97 | 3.22 | 3.40 | 2.80 | 2.52 | 2.38 | 1.85 | 1.77 | 1.22 | 2.05 | 1.01 | 3.12 | 0.81 |
| 自我伤害 | 9.18 | 11.97 | 11.54 | 13.18 | 13.53 | 15.27 | 16.45 | 17.35 | 22.34 | 20.13 | 29.49 | 22.99 | 37.70 | 25.93 | 52.17 | 25.63 | 76.67 | 19.94 |
| 人际间暴力 | 2.02 | 2.64 | 2.00 | 2.29 | 1.84 | 2.08 | 1.69 | 1.78 | 1.79 | 1.61 | 2.06 | 1.61 | 2.35 | 1.62 | 2.89 | 1.42 | 4.89 | 1.27 |
| 自然灾害,战争和法律干预 | 0.02 | 0.03 | 0.03 | 0.03 | 0.03 | 0.03 | 0.03 | 0.03 | 0.03 | 0.03 | 0.03 | 0.03 | 0.04 | 0.03 | 0.05 | 0.02 | 0.06 | 0.02 |
| 合计 | 76.72 | 100.00 | 87.49 | 100.00 | 88.58 | 100.00 | 94.84 | 100.00 | 110.98 | 100.00 | 128.26 | 100.00 | 145.39 | 100.00 | 203.57 | 100.00 | 384.56 | 100.00 |

表 3-4

## 2015 年中国女性不同年龄组不同伤害类型的死因构成比

| 伤害类型 | 0~4岁 | | 5~9岁 | | 10~14岁 | | 15~19岁 | | 20~24岁 | | 25~29岁 | | 30~34岁 | | 35~39岁 | |
|---|---|---|---|---|---|---|---|---|---|---|---|---|---|---|---|---|
| | 死亡率 | 构成比(%) | 死亡率 | 构成比(%) | 死亡率 | 构成比(%) | 死亡率 | 构成比(%) | 死亡率 | 构成比(%) | 死亡率 | 构成比(%) | 死亡率 | 构成比(%) | 死亡率 | 构成比(%) |
| 道路交通伤害 | 6.91 | 22.10 | 5.85 | 38.76 | 4.06 | 31.60 | 5.34 | 41.28 | 6.94 | 41.38 | 7.52 | 39.73 | 7.83 | 40.04 | 7.90 | 41.65 |
| 其他交通伤害 | 0.35 | 1.13 | 0.22 | 1.44 | 0.18 | 1.43 | 0.21 | 1.62 | 0.29 | 1.75 | 0.33 | 1.75 | 0.34 | 1.76 | 0.35 | 1.83 |
| 跌落 | 1.50 | 4.79 | 1.10 | 7.31 | 0.83 | 6.45 | 0.64 | 4.94 | 0.83 | 4.98 | 0.90 | 4.78 | 1.10 | 5.64 | 1.13 | 5.98 |
| 溺水 | 6.65 | 21.27 | 4.98 | 33.02 | 3.87 | 30.06 | 1.44 | 11.13 | 1.03 | 6.13 | 0.99 | 5.25 | 1.08 | 5.53 | 0.98 | 5.19 |
| 接触火、高压和热物质 | 0.80 | 2.57 | 0.27 | 1.80 | 0.17 | 1.29 | 0.13 | 1.03 | 0.17 | 0.99 | 0.17 | 0.91 | 0.19 | 0.98 | 0.18 | 0.92 |
| 中毒 | 0.92 | 2.94 | 0.62 | 4.12 | 0.90 | 7.02 | 0.66 | 5.09 | 0.86 | 5.12 | 0.98 | 5.20 | 0.95 | 4.88 | 0.91 | 4.79 |
| 机械损伤 | 8.42 | 26.92 | 0.73 | 4.85 | 0.45 | 3.48 | 0.39 | 2.98 | 0.49 | 2.90 | 0.64 | 3.38 | 0.73 | 3.72 | 0.78 | 4.12 |
| 医疗不良反应 | 0.99 | 3.16 | 0.17 | 1.13 | 0.11 | 0.85 | 0.09 | 0.66 | 0.12 | 0.69 | 0.14 | 0.73 | 0.14 | 0.72 | 0.13 | 0.66 |
| 动物袭击 | 0.12 | 0.40 | 0.09 | 0.57 | 0.06 | 0.50 | 0.02 | 0.18 | 0.03 | 0.15 | 0.03 | 0.17 | 0.04 | 0.20 | 0.05 | 0.28 |
| 异物损伤 | 2.74 | 8.76 | 0.14 | 0.91 | 0.07 | 0.57 | 0.04 | 0.34 | 0.05 | 0.32 | 0.06 | 0.33 | 0.06 | 0.33 | 0.07 | 0.39 |
| 冷热环境暴露 | 0.20 | 0.65 | 0.02 | 0.14 | 0.02 | 0.18 | 0.02 | 0.17 | 0.02 | 0.12 | 0.03 | 0.17 | 0.05 | 0.24 | 0.05 | 0.28 |
| 其他意外伤害 | 0.42 | 1.34 | 0.24 | 1.57 | 0.22 | 1.73 | 0.14 | 1.08 | 0.16 | 0.93 | 0.20 | 1.07 | 0.25 | 1.26 | 0.25 | 1.34 |
| 自我伤害 | — | — | — | — | 1.34 | 10.38 | 3.21 | 24.77 | 4.91 | 29.25 | 5.97 | 31.56 | 5.78 | 29.56 | 5.34 | 28.17 |
| 人际间暴力 | 1.23 | 3.94 | 0.65 | 4.31 | 0.56 | 4.37 | 0.60 | 4.64 | 0.88 | 5.23 | 0.93 | 4.90 | 0.99 | 5.09 | 0.82 | 4.34 |
| 自然灾害、战争和法律干预 | 0.01 | 0.04 | 0.01 | 0.07 | 0.01 | 0.10 | 0.01 | 0.09 | 0.01 | 0.07 | 0.01 | 0.06 | 0.01 | 0.06 | 0.01 | 0.07 |
| 合计 | 31.26 | 100.00 | 15.08 | 100.00 | 12.86 | 100.00 | 12.94 | 100.00 | 16.78 | 100.00 | 18.92 | 100.00 | 19.55 | 100.00 | 18.98 | 100.00 |

续表

| 伤害类型 | 40~44 岁 死亡率 | 构成比(%) | 45~49 岁 死亡率 | 构成比(%) | 50~54 岁 死亡率 | 构成比(%) | 55~59 岁 死亡率 | 构成比(%) | 60~64 岁 死亡率 | 构成比(%) | 65~69 岁 死亡率 | 构成比(%) | 70~74 岁 死亡率 | 构成比(%) | 75~79 岁 死亡率 | 构成比(%) | 80+ 岁 死亡率 | 构成比(%) |
|---|---|---|---|---|---|---|---|---|---|---|---|---|---|---|---|---|---|---|
| 道路交通伤害 | 9.87 | 43.37 | 11.66 | 42.35 | 12.60 | 40.93 | 14.09 | 40.19 | 17.74 | 37.20 | 19.24 | 32.69 | 20.04 | 26.68 | 24.12 | 20.60 | 37.14 | 12.07 |
| 其他交通伤害 | 0.43 | 1.89 | 0.50 | 1.82 | 0.54 | 1.75 | 0.55 | 1.58 | 0.73 | 1.53 | 0.82 | 1.39 | 0.97 | 1.29 | 1.24 | 1.06 | 1.85 | 0.60 |
| 跌落 | 1.54 | 6.77 | 2.12 | 7.71 | 2.45 | 7.95 | 3.07 | 8.76 | 5.23 | 10.96 | 7.90 | 13.42 | 13.89 | 18.49 | 32.07 | 27.39 | 147.76 | 48.00 |
| 溺水 | 1.26 | 5.54 | 1.57 | 5.69 | 1.67 | 5.42 | 1.97 | 5.63 | 3.18 | 6.68 | 4.21 | 7.15 | 5.71 | 7.60 | 8.93 | 7.62 | 19.74 | 6.41 |
| 接触火、高压和热物质 | 0.20 | 0.90 | 0.22 | 0.82 | 0.26 | 0.83 | 0.30 | 0.86 | 0.50 | 1.05 | 0.81 | 1.38 | 1.36 | 1.81 | 3.00 | 2.57 | 10.75 | 3.49 |
| 中毒 | 0.98 | 4.31 | 1.12 | 4.07 | 1.29 | 4.20 | 1.51 | 4.31 | 2.06 | 4.32 | 2.83 | 4.81 | 3.42 | 4.55 | 4.64 | 3.96 | 8.23 | 2.67 |
| 机械损伤 | 0.99 | 4.34 | 1.13 | 4.09 | 1.03 | 3.35 | 1.13 | 3.23 | 1.42 | 2.98 | 1.85 | 3.14 | 2.33 | 3.11 | 3.51 | 3.00 | 9.50 | 3.08 |
| 医疗不良反应 | 0.16 | 0.72 | 0.20 | 0.74 | 0.23 | 0.76 | 0.31 | 0.89 | 0.51 | 1.07 | 0.70 | 1.20 | 0.98 | 1.30 | 1.70 | 1.45 | 3.78 | 1.23 |
| 动物袭击 | 0.07 | 0.32 | 0.09 | 0.34 | 0.13 | 0.41 | 0.18 | 0.51 | 0.26 | 0.55 | 0.35 | 0.59 | 0.39 | 0.52 | 0.54 | 0.46 | 1.07 | 0.35 |
| 异物损伤 | 0.08 | 0.34 | 0.13 | 0.47 | 0.17 | 0.56 | 0.25 | 0.71 | 0.44 | 0.92 | 0.68 | 1.16 | 1.17 | 1.56 | 2.25 | 1.92 | 8.25 | 2.68 |
| 冷热环境暴露 | 0.08 | 0.36 | 0.09 | 0.33 | 0.10 | 0.34 | 0.14 | 0.39 | 0.25 | 0.53 | 0.35 | 0.60 | 0.58 | 0.77 | 1.03 | 0.88 | 4.39 | 1.43 |
| 其他意外伤害 | 0.35 | 1.55 | 0.39 | 1.42 | 0.40 | 1.29 | 0.38 | 1.09 | 0.50 | 1.05 | 0.58 | 0.99 | 0.61 | 0.82 | 0.71 | 0.60 | 1.94 | 0.63 |
| 自我伤害 | 5.89 | 25.89 | 7.50 | 27.23 | 9.20 | 29.87 | 10.45 | 29.80 | 13.98 | 29.31 | 17.46 | 29.67 | 22.34 | 29.73 | 31.33 | 26.76 | 47.96 | 15.58 |
| 人际间暴力 | 0.83 | 3.64 | 0.79 | 2.85 | 0.71 | 2.31 | 0.70 | 1.98 | 0.88 | 1.84 | 1.05 | 1.79 | 1.31 | 1.74 | 1.98 | 1.69 | 5.40 | 1.76 |
| 自然灾害、战争和法律干预 | 0.01 | 0.06 | 0.01 | 0.05 | 0.02 | 0.05 | 0.02 | 0.05 | 0.02 | 0.05 | 0.03 | 0.04 | 0.03 | 0.04 | 0.04 | 0.03 | 0.06 | 0.02 |
| 合计 | 22.75 | 100.00 | 27.53 | 100.00 | 30.79 | 100.00 | 35.06 | 100.00 | 47.70 | 100.00 | 58.86 | 100.00 | 75.13 | 100.00 | 117.09 | 100.00 | 307.83 | 100.00 |

成比范围是 12.07%~26.68%)。自我伤害是 70~74 岁年龄组的首要死因(其构成比为 29.73%),是 15~69 岁年龄段各年龄组和 75 岁以上年龄组的第二位死因(其构成比范围是 15.58%~31.56%),还是 10~14 岁年龄组的第三位死因(其构成比为 10.38%)。跌落是 75~79 岁和 80+岁年龄组的首要死因(其构成比分别为 27.39%和 48.00%),还是 5~9 岁和 30~74 岁年龄段各年龄组的第三位死因(其构成比范围是 5.64%~18.49%)。机械损伤是 0~4 岁年龄组的首位死因(其构成比为 26.92%)。溺水是 5~9 岁和 10~14 岁年龄组的第二位死因(其构成比分别为 33.02%和 30.06%),是 0~4 岁、15~29 岁年龄段各年龄组的第三位死因(其构成比范围是 5.25%~21.27%)。

## 3.1.2　伤害死亡谱变化

1990—2015 年中国人群伤害死亡谱变化如图 3-5 所示。可以看出,中国人群伤害死亡谱发生的变化,1990 年、1995 年和 2000 年中国人群伤害死亡前四位依次为道路交通伤害、自我伤害、溺水和跌落;但 2005 年、2010 年和 2015 年中国人群伤害死亡前四位的次序部分发生了变化,跌落上升至第三位的伤害死因,而

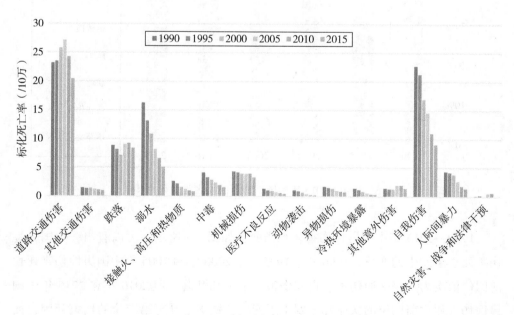

图 3-5　1990—2015 年中国人群伤害死亡谱变化

溺水下降为第四位的伤害死因(即其次序变为道路交通伤害、自我伤害、跌落和溺水)。但总体来看,1990—2015年中国人群伤害死亡谱前四位伤害死因的种类(道路交通伤害、自我伤害、跌落和溺水)并未发生变化,且这四种伤害的死亡一直占据全部伤害死亡的绝大部分(74.86%~79.22%,详见图3-6)。

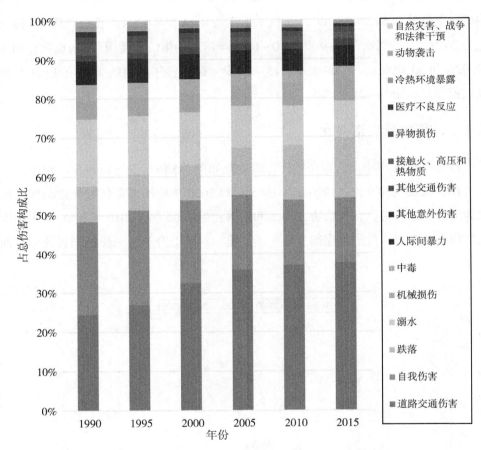

图3-6 1990—2015年中国人群不同伤害类型死亡构成比

　　1990—2015年中国男性伤害死亡谱变化如图3-7所示。可以看出,中国男性伤害死亡谱发生的变化,1990年、1995年、2000年和2005年中国男性伤害死亡前四位依次为道路交通伤害、自我伤害、溺水和跌落;但2010年和2015年中国男性伤害死亡前四位的次序部分发生了变化,跌落上升至第三位的伤害死因,而溺水下降为第四位的伤害死因(即其次序变为道路交通伤害、自我伤害、跌落和溺水）。但总体来看，1990—2015 年中国男性伤害死亡谱前四位伤害死因的种类（道路交通伤害、自我伤害、跌落和溺水）并未发生变化，且这四种伤害的死亡一直占据全部伤害死亡的绝大部分（73.67%~79.22%，详见图 3-8）。

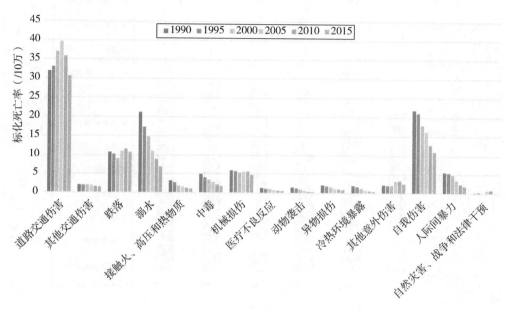

图 3-7　1990—2015 年中国男性伤害死亡谱变化

1990—2015 年中国女性伤害死亡谱变化如图 3-9 所示。可以看出，中国女性伤害死亡谱发生的变化，1990 年、1995 年和 2000 年中国女性伤害死亡前四位依次为自我伤害、道路交通伤害、溺水和跌落；但 2005 年、2010 年和 2015 年中国女性伤害死亡前四位的次序发生了变化，道路交通伤害和跌落分别上升至第一位和第三位的伤害死因，而自我伤害和溺水分别下降为第二位和第四位伤害死因（即其次序变为道路交通伤害、自我伤害、跌落和溺水）。但总体来看，1990—2015 年中国女性伤害死亡谱前四位伤害死因的种类（道路交通伤害、自我伤害、跌落和溺水）并未发生变化，且这四种伤害的死亡一直占据全部伤害死亡的绝大部分（76.75%~79.21%，详见图 3-10）。

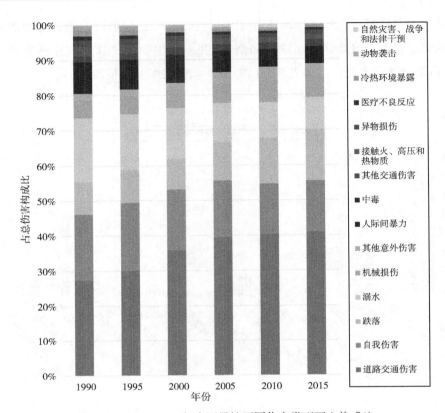

图 3-8　1990—2015 年中国男性不同伤害类型死亡构成比

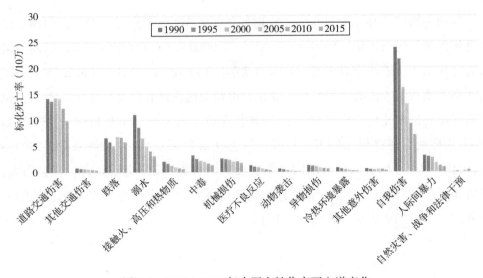

图 3-9　1990—2015 年中国女性伤害死亡谱变化

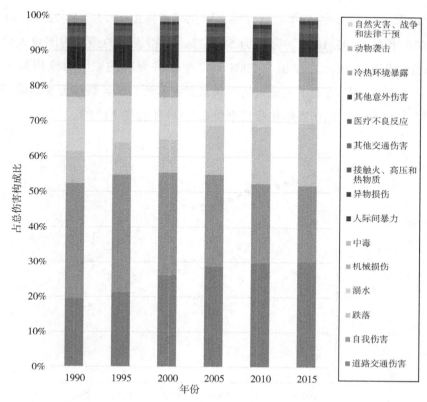

图例（从上到下）：
- 自然灾害、战争和法律干预
- 动物袭击
- 冷热环境暴露
- 其他意外伤害
- 医疗不良反应
- 其他交通伤害
- 接触火、高压和热物质
- 异物损伤
- 人际间暴力
- 中毒
- 机械损伤
- 溺水
- 跌落
- 自我伤害
- 道路交通伤害

图 3-10　1990—2015 年中国女性不同伤害类型死亡构成比

## 3.2 伤害死亡趋势的联结点回归模型分析

### 3.2.1 伤害总死亡趋势及其定量分析

#### 1. 伤害总死亡率的变化趋势

1990—2015 年中国人群伤害标化死亡率变化趋势如图 3-11 所示。可以看出，中国总人群、男性和女性的伤害标化死亡率在此期间均呈现大体下降的趋势，且在整个研究期间，男性伤害标化死亡率高于女性。具体而言，中国总人群伤害标化死亡率由 1990 年的 94.91/10 万下降至 2015 年的 54.21/10 万，降幅为 42.88%；男性伤害标化死亡率由 1990 年的 116.47/10 万下降至 2015 年的

74.74/10万，降幅为35.83%；女性伤害标化死亡率由1990年的72.65/10万下降至2015年的32.93/10万，降幅为54.67%。值得说明的是，中国总人群、男性和女性的伤害标化死亡率值在2008年产生回升突起的原因为汶川特大地震（2008年5月12日）造成了大量人员因该自然灾害死亡，若将该因素剔除，则中国人群、男性和女性的伤害标化死亡率值在2008年也是下降的。

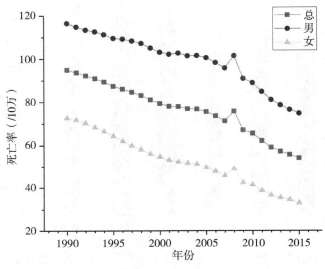

图 3-11 中国伤害标化死亡率变化趋势（/10万）

## 2. 伤害总死亡率的联结点回归模型分析

根据中国伤害标化死亡率联结点数目检验结果（详见表 3-5）可知，中国总人群、男性和女性的伤害标化死亡率联结点数目均为1个。从中国伤害标化死亡率趋势（1990—2015 年）的联结点回归模型分析结果（详见表 3-6）和其观测值与其最佳联结点回归模型估计结果（见图 3-12～图 3-14）中可以看出，中国总人群、男性和女性的伤害标化死亡率的这1个联结点均位于2008年。具体而言，中国总人群伤害标化死亡率在1990—2008年和2008—2015年间的APC值分别为−1.6%与−4.1%，这说明，中国总人群伤害标化死亡率在1990—2008年和2008—2015年间分别以年百分比变化率−1.6%和−4.1%的速度下降，且这两个APC值均具备统计学意义（$P<0.01$）；男性伤害标化死亡率在1990—2008年和2008—2015

表3-5 中国伤害标化死亡率联结点数目检验

| 群体 | 检验编号 | 原假设 | 备择假设 | 分子自由度 | 分母自由度 | 置换次数 | P 值 | 显著性水平 |
|---|---|---|---|---|---|---|---|---|
| 总 | #1 | 0 个联结点 | 4 个联结点 * | 8 | 16 | 4500 | 0.0002222 | 0.0125000 |
| | #2 | 1 个联结点 * | 4 个联结点 | 6 | 16 | 4500 | 0.2602222 | 0.0166667 |
| | #3 | 1 个联结点 * | 3 个联结点 | 4 | 18 | 4500 | 0.1611111 | 0.0166667 |
| | #4 | 1 个联结点 * | 2 个联结点 | 2 | 20 | 4500 | 0.3651111 | 0.0166667 |
| 男 | #1 | 0 个联结点 | 4 个联结点 * | 8 | 16 | 4500 | 0.0002222 | 0.0125000 |
| | #2 | 1 个联结点 * | 4 个联结点 | 6 | 16 | 4500 | 0.4408889 | 0.0166667 |
| | #3 | 1 个联结点 * | 3 个联结点 | 4 | 18 | 4500 | 0.3048889 | 0.0166667 |
| | #4 | 1 个联结点 * | 2 个联结点 | 2 | 20 | 4500 | 0.2308889 | 0.0166667 |
| 女 | #1 | 0 个联结点 | 4 个联结点 * | 8 | 16 | 4500 | 0.0002222 | 0.0125000 |
| | #2 | 1 个联结点 * | 4 个联结点 | 6 | 16 | 4500 | 0.1051111 | 0.0166667 |
| | #3 | 1 个联结点 * | 3 个联结点 | 4 | 18 | 4500 | 0.0940000 | 0.0166667 |
| | #4 | 1 个联结点 * | 2 个联结点 | 2 | 20 | 4500 | 0.2915556 | 0.0166667 |

表3-6 中国伤害标化死亡率趋势(1990—2015)的联结点回归模型分析

| 群体 | 区段 | 左端点 | 右端点 | APC | 95% CI | | T 统计量 | P 值 |
|---|---|---|---|---|---|---|---|---|
| | | | | | 下限 | 上限 | | |
| 总 | 1 | 1990 | 2008 | **-1.6** * | -1.7 | -1.5 | -36.1 | <0.001 |
| | 2 | 2008 | 2015 | **-4.1** * | -4.5 | -3.7 | -23.0 | <0.001 |
| 男 | 1 | 1990 | 2008 | **-1.0** * | -1.1 | -0.9 | -26.7 | <0.001 |
| | 2 | 2008 | 2015 | **-3.8** * | -4.2 | -3.5 | -24.6 | <0.001 |
| 女 | 1 | 1990 | 2008 | **-2.6** * | -2.7 | -2.5 | -41.7 | <0.001 |
| | 2 | 2008 | 2015 | **-4.7** * | -5.2 | -4.2 | -18.3 | <0.001 |

注：* 表示该 APC 值在 $\alpha = 0.05$ 的水平上与 0 之间差异具有统计学意义。

年间的 APC 值分别为-1.0%与-3.8%，这说明，男性伤害标化死亡率在1990—2008 年和2008—2015 年间分别以年百分比变化率-1.0%和-3.8%的速度下降，且这两个 APC 值均具备统计学意义($P<0.01$)；女性伤害标化死亡率在1990—2008 年和2008—2015 年间的 APC 值分别为-2.6%与-4.7%，这说明，女性伤害标化死亡率在1990—2008 年和2008—2015 年间分别以年百分比变化率-2.6%和-4.7%的速度下降，且这两个 APC 值均具备统计学意义($P<0.01$)。

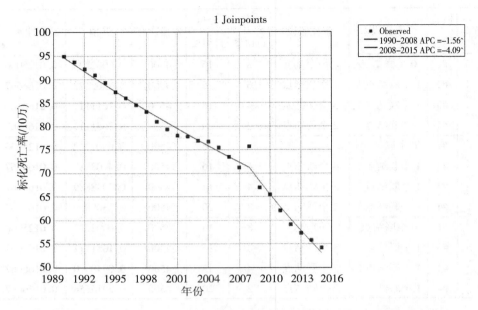

图 3-12 中国人群伤害标化死亡率观测值与其最佳联结点回归模型估计

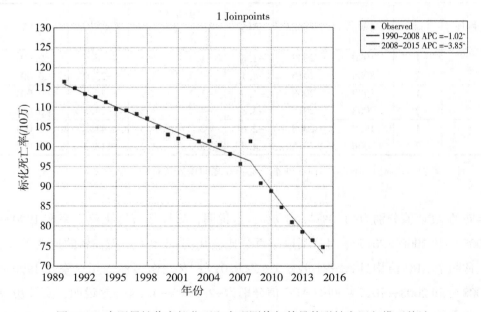

图 3-13 中国男性伤害标化死亡率观测值与其最佳联结点回归模型估计

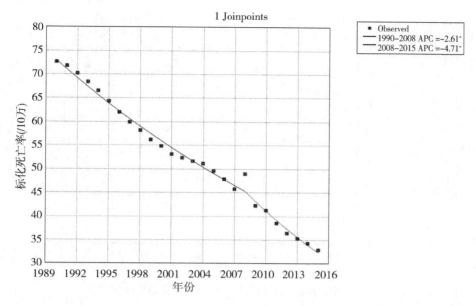

图 3-14　中国女性伤害标化死亡率观测值与其最佳联结点回归模型估计

## 3.2.2　道路交通伤害死亡趋势及其定量分析

### 1. 道路交通伤害死亡率的变化趋势

1990—2015 年中国道路交通伤害标化死亡率变化趋势如图 3-15 所示。可以看出，中国总人群、男性和女性的道路交通伤害标化死亡率在此期间均呈现先上升后下降的趋势，且在整个研究期间，男性伤害标化死亡率高于女性。具体而言，中国总人群道路交通伤害标化死亡率由 1990 年的 23.19/10 万上升至 2002 年的 27.72/10 万，而后不断下降至 2015 年的 20.44/10 万；男性道路交通伤害标化死亡率由 1990 年的 31.93/10 万上升至 2002 年的 40.04/10 万，而后不断下降至 2015 年的 30.59/10 万；女性道路交通伤害标化死亡率由 1990 年的 14.22/10 万上升至 2002 年的 15.09/10 万，而后不断下降至 2015 年的 9.93/10 万。总体来看，中国人群、男性和女性的道路交通伤害标化死亡率在整个研究期间略有下降。

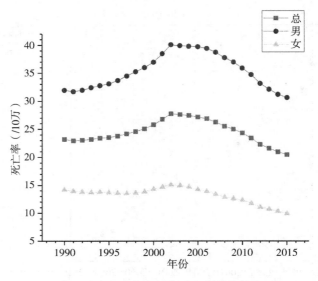

图 3-15　中国道路交通伤害标化死亡率变化趋势(/10 万)

## 2. 道路交通伤害死亡率的联结点回归模型分析

根据中国道路交通伤害标化死亡率联结点数目检验结果(详见表 3-7)可知,中国总人群、男性和女性的道路交通伤害标化死亡率联结点数目均为 4 个。从中国道路交通伤害标化死亡率趋势(1990—2015 年)的联结点回归模型分析结果(详见表 3-8)和其观测值与其最佳联结点回归模型估计结果(见图 3-16~图 3-18)中可以看出,中国总人群道路交通伤害标化死亡率在 1990—1995 年、1995—1999 年、1999—2002 年、2002—2007 年和 2007—2015 年间分别以年百分比变化率 0.4%、1.6%、3.6%、-0.9%和-3.3%的速度变化,这些变化中除了 0.4%(1990—1995 年)外均具有统计学意义($P<0.01$);男性道路交通伤害标化死亡率在 1990—1995 年、1995—1999 年、1999—2002 年、2002—2007 年和 2007—2015 年间分别以年百分比变化率 0.8%、2.1%、3.7%、-0.5%和-3.1%的速度变化,这些变化中除了-0.5%(2002—2007 年)外均具有统计学意义($P<0.01$);女性道路交通伤害标化死亡率在 1990—1998 年、1998—2002 年、2002—2005 年、2005—2010 年和 2010—2015 年间分别以年百分比变化率-0.5%、2.9%、-1.9%、-3.1%和-4.1%的速度变化,这些变化中除了-1.9%(2002-2005 年)外均具有统计学意义($P<0.01$)。

表 3-7                中国道路交通伤害标化死亡率联结点数目检验

| 群体 | 检验编号 | 原假设 | 备择假设 | 分子自由度 | 分母自由度 | 置换次数 | P 值 | 显著性水平 |
|------|------|--------|----------|------|------|------|------|------|
| 总 | #1 | 0 个联结点 | 4 个联结点* | 8 | 16 | 4500 | 0.0002222 | 0.0125000 |
| | #2 | 1 个联结点 | 4 个联结点* | 6 | 16 | 4500 | 0.0002222 | 0.0166667 |
| | #3 | 2 个联结点 | 4 个联结点* | 4 | 16 | 4500 | 0.0002222 | 0.0250000 |
| | #4 | 3 个联结点 | 4 个联结点* | 2 | 16 | 4500 | 0.0146667 | 0.0500000 |
| 男 | #1 | 0 个联结点 | 4 个联结点* | 8 | 16 | 4500 | 0.0002222 | 0.0125000 |
| | #2 | 1 个联结点 | 4 个联结点* | 6 | 16 | 4500 | 0.0002222 | 0.0166667 |
| | #3 | 2 个联结点 | 4 个联结点* | 4 | 16 | 4500 | 0.0002222 | 0.0250000 |
| | #4 | 3 个联结点 | 4 个联结点* | 2 | 16 | 4500 | 0.0077778 | 0.0500000 |
| 女 | #1 | 0 个联结点 | 4 个联结点* | 8 | 16 | 4500 | 0.0002222 | 0.0125000 |
| | #2 | 1 个联结点 | 4 个联结点* | 6 | 16 | 4500 | 0.0002222 | 0.0166667 |
| | #3 | 2 个联结点 | 4 个联结点* | 4 | 16 | 4500 | 0.0017778 | 0.0250000 |
| | #4 | 3 个联结点 | 4 个联结点* | 2 | 16 | 4500 | 0.0175556 | 0.0500000 |

表 3-8  中国道路交通伤害标化死亡率趋势(1990—2015)的联结点回归模型分析

| 群体 | 区段 | 左端点 | 右端点 | APC | 95% CI | | T 统计量 | P 值 |
|------|------|--------|--------|-----|------|------|------|------|
| | | | | | 下限 | 上限 | | |
| 总 | 1 | 1990 | 1995 | 0.4 | −0.1 | 0.9 | 1.7 | 0.100 |
| | 2 | 1995 | 1999 | **1.6*** | 0.5 | 2.7 | 3.2 | <0.001 |
| | 3 | 1999 | 2002 | **3.6*** | 1.4 | 5.9 | 3.6 | <0.001 |
| | 4 | 2002 | 2007 | **−0.9*** | −1.6 | −0.3 | −3.0 | <0.001 |
| | 5 | 2007 | 2015 | **−3.3*** | −3.5 | −3.0 | −30.5 | <0.001 |
| 男 | 1 | 1990 | 1995 | **0.8*** | 0.4 | 1.3 | 3.8 | <0.001 |
| | 2 | 1995 | 1999 | **2.1*** | 1.0 | 3.2 | 4.3 | <0.001 |
| | 3 | 1999 | 2002 | **3.7*** | 1.6 | 6.0 | 3.8 | <0.001 |
| | 4 | 2002 | 2007 | −0.5 | −1.1 | 0.2 | −1.6 | 0.100 |
| | 5 | 2007 | 2015 | **−3.1*** | −3.3 | −2.9 | −29.8 | <0.001 |
| 女 | 1 | 1990 | 1998 | **−0.5*** | −0.7 | −0.3 | −4.6 | <0.001 |
| | 2 | 1998 | 2002 | **2.9*** | 1.8 | 4.0 | 5.9 | <0.001 |
| | 3 | 2002 | 2005 | −1.9 | −4.0 | 0.2 | −2.0 | 0.100 |
| | 4 | 2005 | 2010 | **−3.1*** | −3.8 | −2.5 | −10.3 | <0.001 |
| | 5 | 2010 | 2015 | **−4.1*** | −4.5 | −3.6 | −19.1 | <0.001 |

注: *表示该 APC 值在 $\alpha = 0.05$ 的水平上与 0 之间差异具有统计学意义。

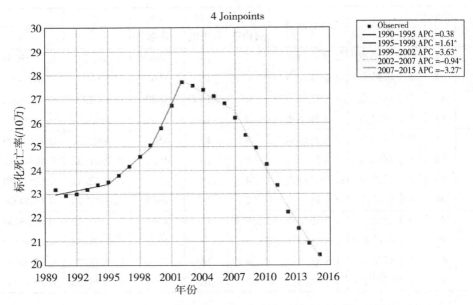

图 3-16　中国人群道路交通伤害标化死亡率的联结点回归模型分析(/10 万)

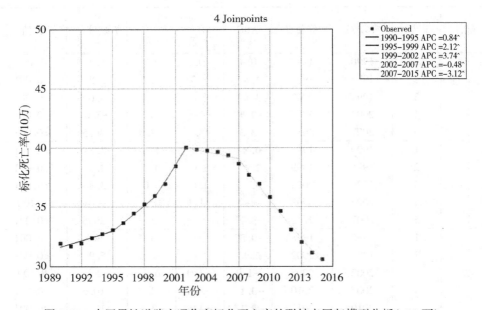

图 3-17　中国男性道路交通伤害标化死亡率的联结点回归模型分析(/10 万)

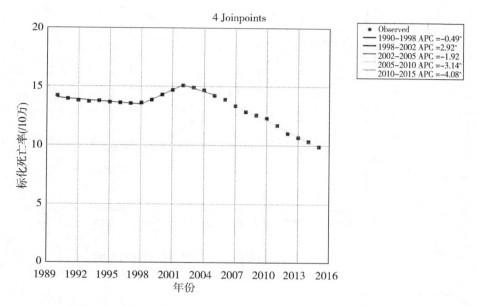

图 3-18 中国女性道路交通伤害标化死亡率的联结点回归模型分析(/10 万)

## 3.2.3 自我伤害死亡趋势及其定量分析

### 1. 自我伤害死亡率的变化趋势

1990—2015 年中国自我伤害标化死亡率变化趋势如图 3-19 所示。可以看出,中国总人群、男性和女性的自我伤害标化死亡率在此期间均大体呈现下降的趋势。需要指出的是,在整个研究期间内,虽然男性的伤害标化死亡率值在开始的几年低于女性的值,但自 1996 年后,男性的伤害标化死亡率值一直高于女性的值。具体而言,中国总人群自我伤害标化死亡率由 1990 年的 22.71/10 万下降至 2015 年的 9.04/10 万,其降幅为 60.19%;男性自我伤害标化死亡率由 1990 年的 21.84/10 万下降至 2015 年的 10.98/10 万,其降幅为 49.73%;女性自我伤害标化死亡率由 1990 年的 23.83/10 万下降至 2015 年的 7.17/10 万,其降幅为 69.91%。

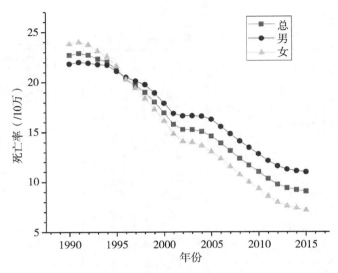

图 3-19　中国人群自我伤害标化死亡率变化趋势(/10 万)

## 2. 自我伤害死亡率的联结点回归模型分析

　　根据中国自我伤害标化死亡率联结点数目检验结果(详见表 3-9)可知,中国总人群、男性和女性的自我伤害标化死亡率联结点数目均为 4 个。从中国自我伤害标化死亡率趋势(1990—2015 年)的联结点回归模型分析结果(详见表 3-10)和其观测值与其最佳联结点回归模型估计结果(见图 3-20～图 3-22)中可以看出,中国总人群自我伤害标化死亡率在 1990—1995 年、1995—2002 年、2002—2005 年、2005—2012 年和 2012—2015 年间分别以年百分比变化率-1.2%、-4.8%、-1.3%、-5.8%和-2.5%的速度变化,这些变化中除了-1.3%(2002—2005 年)外均具有统计学意义($P < 0.01$);男性自我伤害标化死亡率在 1990—1998 年、1998—2001 年、2001—2005 年、2005—2012 年和 2012—2015 年间分别以年百分比变化率-1.4%、-5.6%、-0.7%、-4.9%和-1.8%的速度变化,这些变化中除了-0.7%(2001—2005 年)外均具有统计学意义($P < 0.01$);女性自我伤害标化死亡率在 1990—1994 年、1994—2002 年、2002—2005 年、2005—2012 年和 2012—2015 年间分别以年百分比变化率-1.1%、-5.8%、-2.4%、-7.0%和-5.3%的速度变化,这些变化中除了-2.4%(2002—2005 年)外均具有统计学意义($P < 0.01$)。

表 3-9　　　　　　　中国自我伤害标化死亡率联结点数目检验

| 群体 | 检验编号 | 原假设 | 备择假设 | 分子自由度 | 分母自由度 | 置换次数 | $P$ 值 | 显著性水平 |
|---|---|---|---|---|---|---|---|---|
| 总 | #1 | 0 个联结点 | 4 个联结点* | 8 | 16 | 4500 | 0.0002222 | 0.0125000 |
| | #2 | 1 个联结点 | 4 个联结点* | 6 | 16 | 4500 | 0.0002222 | 0.0166667 |
| | #3 | 2 个联结点 | 4 个联结点* | 4 | 16 | 4500 | 0.0002222 | 0.0250000 |
| | #4 | 3 个联结点 | 4 个联结点* | 2 | 16 | 4500 | 0.0002222 | 0.0500000 |
| 男 | #1 | 0 个联结点 | 4 个联结点* | 8 | 16 | 4500 | 0.0002222 | 0.0125000 |
| | #2 | 1 个联结点 | 4 个联结点* | 6 | 16 | 4500 | 0.0002222 | 0.0166667 |
| | #3 | 2 个联结点 | 4 个联结点* | 4 | 16 | 4500 | 0.0002222 | 0.0250000 |
| | #4 | 3 个联结点 | 4 个联结点* | 2 | 16 | 4500 | 0.0002222 | 0.0500000 |
| 女 | #1 | 0 个联结点 | 4 个联结点* | 8 | 16 | 4500 | 0.0002222 | 0.0125000 |
| | #2 | 1 个联结点 | 4 个联结点* | 6 | 16 | 4500 | 0.0002222 | 0.0166667 |
| | #3 | 2 个联结点 | 4 个联结点* | 4 | 16 | 4500 | 0.0002222 | 0.0250000 |
| | #4 | 3 个联结点 | 4 个联结点* | 2 | 16 | 4500 | 0.0002222 | 0.0500000 |

表 3-10　中国自我伤害标化死亡率趋势（1990—2015）的联结点回归模型分析

| 群体 | 区段 | 左端点 | 右端点 | APC | 95% CI | | $T$ 统计量 | $P$ 值 |
|---|---|---|---|---|---|---|---|---|
| | | | | | 下限 | 上限 | | |
| 总 | 1 | 1990 | 1995 | **−1.2***  | −2.0 | −0.5 | −3.6 | <0.001 |
| | 2 | 1995 | 2002 | **−4.8***  | −5.3 | −4.3 | −19.1 | <0.001 |
| | 3 | 2002 | 2005 | −1.3 | −4.5 | 2.1 | −0.9 | 0.400 |
| | 4 | 2005 | 2012 | **−5.8***  | −6.3 | −5.3 | −23.1 | <0.001 |
| | 5 | 2012 | 2015 | **−2.5***  | −4.2 | −0.9 | −3.4 | <0.001 |
| 男 | 1 | 1990 | 1998 | **−1.4***  | −1.8 | −1.0 | −7.6 | <0.001 |
| | 2 | 1998 | 2001 | **−5.6***  | −9.0 | −2.2 | −3.5 | <0.001 |
| | 3 | 2001 | 2005 | −0.7 | −2.5 | 1.1 | −0.9 | 0.400 |
| | 4 | 2005 | 2012 | **−4.9***  | −5.5 | −4.3 | −17.9 | <0.001 |
| | 5 | 2012 | 2015 | **−1.8***  | −3.6 | −0.0 | −2.2 | <0.001 |
| 女 | 1 | 1990 | 1994 | **−1.1***  | −2.2 | −0.1 | −2.4 | <0.001 |
| | 2 | 1994 | 2002 | **−5.8***  | −6.2 | −5.4 | −29.7 | <0.001 |
| | 3 | 2002 | 2005 | −2.4 | −5.5 | 0.9 | −1.6 | 0.100 |
| | 4 | 2005 | 2012 | **−7.0***  | −7.5 | −6.5 | −28.4 | <0.001 |
| | 5 | 2012 | 2015 | **−3.7***  | −5.3 | −2.1 | −5.0 | <0.001 |

注：*表示该 APC 值在 $\alpha = 0.05$ 的水平上与 0 之间差异具有统计学意义。

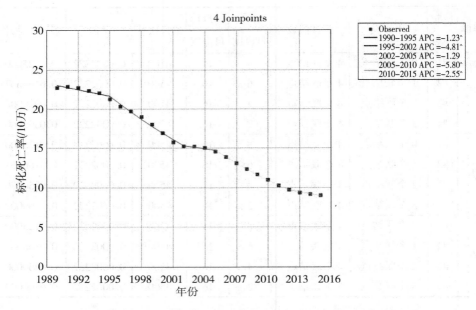

图 3-20　中国人群自我伤害标化死亡率的联结点回归模型分析(/10 万)

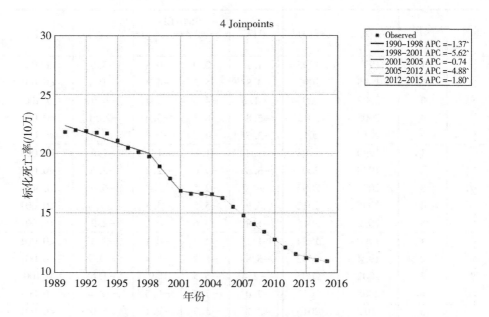

图 3-21　中国男性自我伤害标化死亡率的联结点回归模型分析(/10 万)

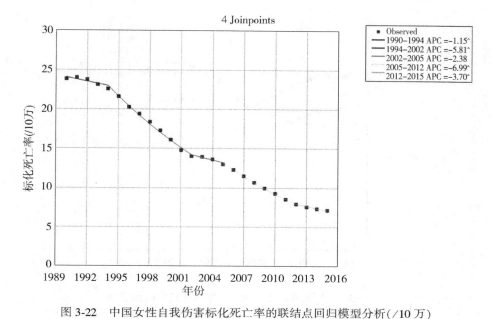

图 3-22 中国女性自我伤害标化死亡率的联结点回归模型分析(/10 万)

## 3.2.4 跌落死亡趋势及其定量分析

### 1. 跌落死亡率的变化趋势

1990—2015 年中国跌落标化死亡率变化趋势如图 3-23 所示。可以看出，中国总人群、男性和女性的跌落标化死亡率在此期间均大体呈现先下降后上升而后再下降的趋势，且在整个研究期间，男性伤害标化死亡率高于女性。具体而言，中国总人群跌落标化死亡率由 1990 年的 8.86/10 万下降至 2001 年的 7.11/10 万，然后上升至 2007 年的 9.33/10 万，而后再下降至 2015 年的 8.38/10 万；男性跌落标化死亡率由 1990 年的 10.81/10 万下降至 2001 年的 8.98/10 万，然后上升至 2010 年的 11.61/10 万，而后再下降至 2015 年的 10.81/10 万；女性跌落标化死亡率由 1990 年的 6.64/10 万下降至 2001 年的 5.11/10 万，然后上升至 2007 年的 7.06/10 万，而后再下降至 2015 年的 5.84/10 万。总体来看，中国人群和女性的跌落标化死亡率在整个研究期间略有下降，而男性的跌落标化死亡率在整个研究期间几乎没有改变。

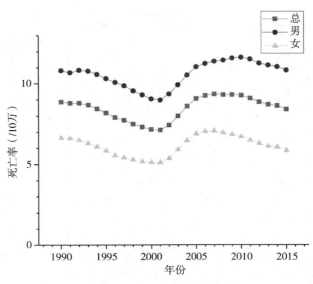

图 3-23  中国人群跌落标化死亡率变化趋势(/10 万)

## 2. 跌落死亡率的联结点回归模型分析

根据中国跌落标化死亡率联结点数目检验结果(详见表 3-11)可知,中国总人群、男性和女性的跌落标化死亡率联结点数目均为 4 个。从中国跌落标化死亡率趋势(1990—2015 年)的联结点回归模型分析结果(详见表 3-12)和其观测值与其最佳联结点回归模型估计结果(见图 3-24~图 3-26)中可以看出,中国总人群跌落标化死亡率在 1990—1992 年、1992—2001 年、2001—2005 年、2005—2009 年和 2009—2015 年间分别以年百分比变化率 $-0.1\%$、$-2.6\%$、$7.0\%$、$0.6\%$ 和 $-1.8\%$ 的速度变化,这些变化中除了 $-0.1\%$(1990—1992 年)和 $0.6\%$(2005—2009 年)外均具有统计学意义($P<0.01$);男性跌落标化死亡率在 1990—1993 年、1993—2001 年、2001—2005 年、2005—2010 年和 2010—2015 年间分别以年百分比变化率 $0.2\%$、$-2.4\%$、$5.7\%$、$1.0\%$ 和 $-1.5\%$ 的速度变化,这些变化中除了 $0.2\%$(1990—1993 年)外均具有统计学意义($P<0.01$);女性跌落标化死亡率在 1990—1998 年、1998—2001 年、2001—2005 年、2005—2008 年和 2008—2015 年间分别以年百分比变化率 $-3.1\%$、$-1.6\%$、$8.3\%$、$0.4\%$ 和 $-2.6\%$ 的速度变化,这些变化中除了 $-1.6\%$(1998—2001 年)和 $0.4\%$(2005—2008 年)外均具有统计学意义($P<0.01$)。

表3-11 　　　　　　 中国跌落标化死亡率联结点数目检验

| 群体 | 检验编号 | 原假设 | 备择假设 | 分子自由度 | 分母自由度 | 置换次数 | $P$ 值 | 显著性水平 |
|------|------|------|------|------|------|------|------|------|
| 总 | #1 | 0 个联结点 | 4 个联结点 * | 8 | 16 | 4500 | 0.0002222 | 0.0125000 |
|    | #2 | 1 个联结点 | 4 个联结点 * | 6 | 16 | 4500 | 0.0002222 | 0.0166667 |
|    | #3 | 2 个联结点 | 4 个联结点 * | 4 | 16 | 4500 | 0.0004444 | 0.0250000 |
|    | #4 | 3 个联结点 | 4 个联结点 * | 2 | 16 | 4500 | 0.0002222 | 0.0500000 |
| 男 | #1 | 0 个联结点 | 4 个联结点 * | 8 | 16 | 4500 | 0.0002222 | 0.0125000 |
|    | #2 | 1 个联结点 | 4 个联结点 * | 6 | 16 | 4500 | 0.0002222 | 0.0166667 |
|    | #3 | 2 个联结点 | 4 个联结点 * | 4 | 16 | 4500 | 0.0002222 | 0.0250000 |
|    | #4 | 3 个联结点 | 4 个联结点 * | 2 | 16 | 4500 | 0.0002222 | 0.0500000 |
| 女 | #1 | 0 个联结点 | 4 个联结点 * | 8 | 16 | 4500 | 0.0002222 | 0.0125000 |
|    | #2 | 1 个联结点 | 4 个联结点 * | 6 | 16 | 4500 | 0.0002222 | 0.0166667 |
|    | #3 | 2 个联结点 | 4 个联结点 * | 4 | 16 | 4500 | 0.0017778 | 0.0250000 |
|    | #4 | 3 个联结点 | 4 个联结点 * | 2 | 16 | 4500 | 0.0217778 | 0.0500000 |

表3-12 　中国跌落标化死亡率趋势(1990—2015)的联结点回归模型分析

| 群体 | 区段 | 左端点 | 右端点 | APC | 95% CI 下限 | 95% CI 上限 | $T$ 统计量 | $P$ 值 |
|------|------|------|------|------|------|------|------|------|
| 总 | 1 | 1990 | 1992 | −0.1 | −1.5 | 1.3 | −0.1 | 0.900 |
|    | 2 | 1992 | 2001 | **−2.6*** | −2.7 | −2.4 | −37.1 | <0.001 |
|    | 3 | 2001 | 2005 | **7.0*** | 6.2 | 7.7 | 20.9 | <0.001 |
|    | 4 | 2005 | 2009 | 0.6 | −0.1 | 1.4 | 2.0 | 0.100 |
|    | 5 | 2009 | 2015 | **−1.8*** | −2.0 | −1.6 | −16.8 | <0.001 |
| 男 | 1 | 1990 | 1993 | 0.2 | −0.5 | 0.9 | 0.6 | 0.600 |
|    | 2 | 1993 | 2001 | **−2.4*** | −2.6 | −2.3 | −29.5 | <0.001 |
|    | 3 | 2001 | 2005 | **5.7*** | 5.0 | 6.4 | 17.7 | <0.001 |
|    | 4 | 2005 | 2010 | **1.0*** | 0.6 | 1.4 | 5.0 | <0.001 |
|    | 5 | 2010 | 2015 | **−1.5*** | −1.8 | −1.2 | −10.6 | <0.001 |
| 女 | 1 | 1990 | 1998 | **−3.1*** | −3.6 | −2.7 | −15.8 | <0.001 |
|    | 2 | 1998 | 2001 | −1.6 | −5.4 | 2.5 | −0.8 | 0.400 |
|    | 3 | 2001 | 2005 | **8.3*** | 6.2 | 10.5 | 8.6 | <0.001 |
|    | 4 | 2005 | 2008 | 0.4 | −3.6 | 4.5 | 0.2 | 0.800 |
|    | 5 | 2008 | 2015 | **−2.6*** | −3.1 | −2.1 | −10.6 | <0.001 |

注：* 表示该 APC 值在 $\alpha = 0.05$ 的水平上与 0 之间差异具有统计学意义。

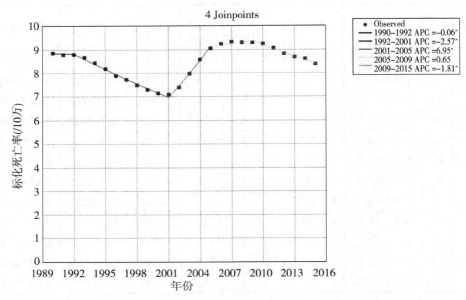

图 3-24 中国人群跌落标化死亡率的联结点回归模型分析(/10 万)

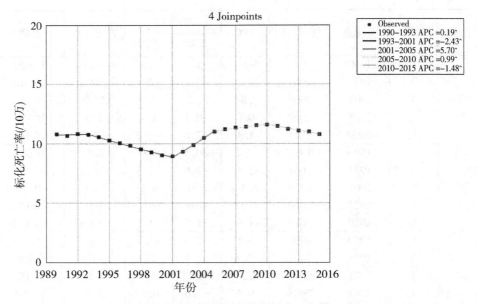

图 3-25 中国男性跌落标化死亡率的联结点回归模型分析(/10 万)

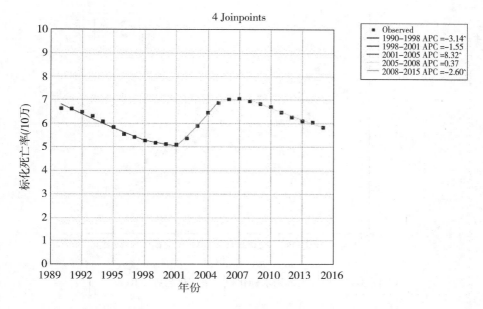

图 3-26　中国女性跌落标化死亡率的联结点回归模型分析(/10 万)

## 3.2.5　溺水死亡趋势及其定量分析

### 1. 溺水死亡率的变化趋势

1990—2015 年中国溺水标化死亡率变化趋势如图 3-27 所示。可以看出，中国总人群、男性和女性的溺水标化死亡率在此期间均呈现不断下降的趋势，且在整个研究期间，男性伤害标化死亡率高于女性。具体而言，中国总人群溺水标化死亡率由 1990 年的 16.29/10 万下降至 2015 年的 5.08/10 万，其降幅为 68.82%；男性溺水标化死亡率由 1990 年的 21.21/10 万下降至 2015 年的 6.83/10 万，其降幅为 67.80%；女性溺水标化死亡率由 1990 年的 11.08/10 万下降至 2015 年的 3.15/10 万，其降幅为 71.57%。

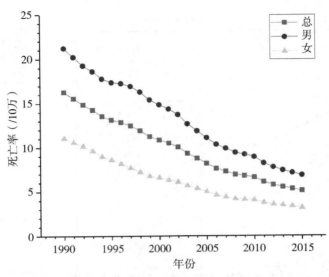

图 3-27 中国人群溺水标化死亡率变化趋势(/10 万)

### 2. 溺水死亡率的联结点回归模型分析

根据中国溺水标化死亡率联结点数目检验结果(详见表 3-13)可知，中国总人群、男性和女性的溺水标化死亡率联结点数目分别为 2 个、4 个和 3 个。从中国溺水标化死亡率趋势(1990—2015 年)的联结点回归模型分析结果(详见表 3-14)和其观测值与其最佳联结点回归模型估计结果(见图 3-28～图 3-30)中可以看出，中国总人群溺水标化死亡率在 1990—2002 年、2002—2006 年和 2006—2015 年间分别以年百分比变化率-3.19%、-6.6% 和-4.4% 的速度下降，这些下降均具有统计学意义($P<0.01$)；男性溺水标化死亡率在 1990—1994 年、1994—1997 年、1997—2002 年、2002—2006 年和 2006—2015 年间分别以年百分比变化率-4.3%、-1.5%、-4.2%、-6.5% 和-4.6% 的速度下降，这些下降中除了-1.5%(1994—1997 年)外均具有统计学意义($P<0.01$)；女性溺水标化死亡率在 1990—1999 年、1999—2002 年、2002—2006 年和 2006—2015 年间分别以年百分比变化率-5.4%、-3.8%、-6.6% 和-4.1% 的速度下降，这些下降中除了-3.8%(1999—2002 年)外均具有统计学意义($P<0.01$)。

表 3-13 中国溺水标化死亡率联结点数目检验

| 群体 | 检验编号 | 原假设 | 备择假设 | 分子自由度 | 分母自由度 | 置换次数 | P 值 | 显著性水平 |
|---|---|---|---|---|---|---|---|---|
| 总 | #1 | 0 个联结点 * | 4 个联结点 * | 8 | 16 | 4500 | 0.0002222 | 0.0125000 |
| | #2 | 1 个联结点 * | 4 个联结点 * | 6 | 16 | 4500 | 0.0004444 | 0.0166667 |
| | #3 | 2 个联结点 * | 4 个联结点 * | 4 | 16 | 4500 | 0.1437778 | 0.0250000 |
| | #4 | 2 个联结点 * | 3 个联结点 * | 2 | 18 | 4500 | 0.2520000 | 0.0250000 |
| 男 | #1 | 0 个联结点 * | 4 个联结点 * | 8 | 16 | 4500 | 0.0002222 | 0.0125000 |
| | #2 | 1 个联结点 * | 4 个联结点 * | 6 | 16 | 4500 | 0.0002222 | 0.0166667 |
| | #3 | 2 个联结点 * | 4 个联结点 * | 4 | 16 | 4500 | 0.0086667 | 0.0250000 |
| | #4 | 3 个联结点 * | 4 个联结点 * | 2 | 16 | 4500 | 0.0042222 | 0.0500000 |
| 女 | #1 | 0 个联结点 * | 4 个联结点 * | 8 | 16 | 4500 | 0.0002222 | 0.0125000 |
| | #2 | 1 个联结点 * | 4 个联结点 * | 6 | 16 | 4500 | 0.0017778 | 0.0166667 |
| | #3 | 2 个联结点 * | 4 个联结点 * | 4 | 16 | 4500 | 0.0135556 | 0.0250000 |
| | #4 | 3 个联结点 * | 4 个联结点 * | 2 | 16 | 4500 | 0.0993333 | 0.0500000 |

表 3-14 中国溺水标化死亡率趋势(1990—2015)的联结点回归模型分析

| 群体 | 区段 | 左端点 | 右端点 | APC | 95% CI 下限 | 95% CI 上限 | T 统计量 | P 值 |
|---|---|---|---|---|---|---|---|---|
| 总 | 1 | 1990 | 2002 | **-3.9** * | -4.1 | -3.6 | -36.7 | <0.001 |
| | 2 | 2002 | 2006 | **-6.6** * | -8.4 | -4.8 | -7.5 | <0.001 |
| | 3 | 2006 | 2015 | **-4.4** * | -4.8 | -4.1 | -27.4 | <0.001 |
| 男 | 1 | 1990 | 1994 | **-4.3** * | -5.5 | -3.1 | -7.6 | <0.001 |
| | 2 | 1994 | 1997 | -1.5 | -5.4 | 2.5 | -0.8 | 0.400 |
| | 3 | 1997 | 2002 | **-4.2** * | -5.4 | -3.0 | -7.5 | <0.001 |
| | 4 | 2002 | 2006 | **-6.5** * | -8.4 | -4.6 | -7.4 | <0.001 |
| | 5 | 2006 | 2015 | **-4.6** * | -5.0 | -4.3 | -28.3 | <0.001 |
| 女 | 1 | 1990 | 1999 | **-5.4** * | -5.7 | -5.0 | -32.6 | <0.001 |
| | 2 | 1999 | 2002 | -3.8 | -7.5 | 0.1 | -2.1 | 0.100 |
| | 3 | 2002 | 2006 | **-6.6** * | -8.4 | -4.7 | -7.4 | <0.001 |
| | 4 | 2006 | 2015 | **-4.1** * | -4.5 | -3.8 | -24.8 | <0.001 |

注: * 表示该 APC 值在 $\alpha = 0.05$ 的水平上与 0 之间差异具有统计学意义。

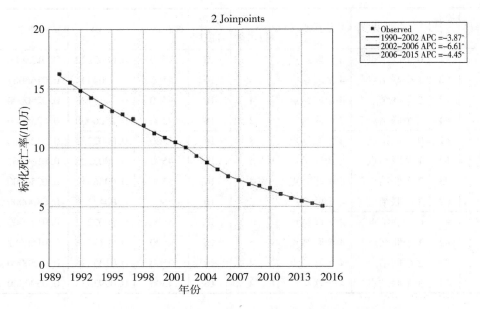

图 3-28　中国人群溺水标化死亡率的联结点回归模型分析(/10 万)

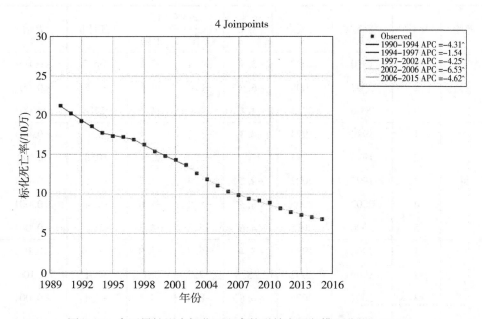

图 3-29　中国男性溺水标化死亡率的联结点回归模型分析(/10 万)

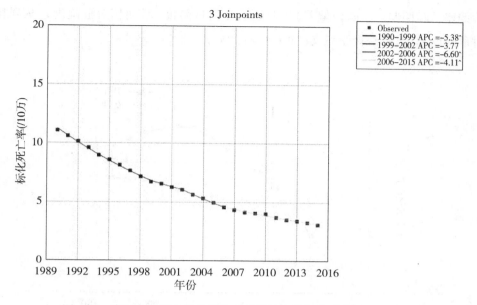

图 3-30 中国女性溺水标化死亡率的联结点回归模型分析(/10 万)

## 3.3 伤害死亡率的年龄-时期-队列模型分析

### 3.3.1 伤害总死亡率的年龄-时期-队列模型分析

中国伤害总死亡率净偏移和局部偏移值如图 3-31 所示,其 APC 模型的可估计函数 Wald 卡方检验见表 3-15。在 1990—2015 年期间,男性伤害总死亡率净偏移为-1.522%/每年(95%CI:-1.665%/每年至-1.379%/每年),女性为-3.492%/每年(95%CI:-3.688%/每年至-3.295%/每年)。由于两者伤害总死亡率净偏移值都不在每年-1%~1%的范围内,故其均可被认为是实质性偏移。可以看出,在所有年龄组中,男性和女性的每个年龄组的局部偏移值都低于 0。具体而言,男性的局部偏移值先升高至 50~54 岁年龄组,而后开始下降;而女性的局部偏移值则一直呈现升高的趋势。结果还表明,在所有年龄组中,除了 0~4 岁年龄组外,女性的局部偏移值都低于男性。此外,基于 Wald 卡方检验的结果可知,中国男性和女性伤害总死亡率的所有偏移(净偏移、局部偏移值)、所有偏差(年龄偏差、时期偏差、队列偏差)以及所有相对危险度(时期相对危险度、队列相对危险度)均具备统计学意义(均为 $P <0.05$)。

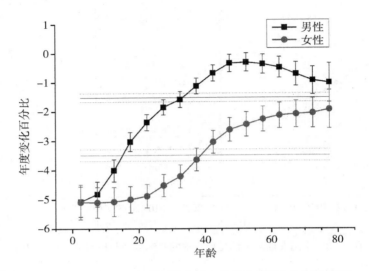

图 3-31　1990—2015 年中国伤害死亡率的净偏移和局部偏移值

表 3-15　　　　　伤害死亡率 APC 模型的可估计函数 Wald 卡方检验

| 原假设 | 男性 | | | 女性 | | |
|---|---|---|---|---|---|---|
| | 卡方 | 自由度 | $P$ 值 | 卡方 | 自由度 | $P$ 值 |
| Net Drift = 0 | 427.784 | 1 | <0.001 | 1168.009 | 1 | <0.001 |
| All Age Deviations = 0 | 1178.403 | 14 | <0.001 | 1778.556 | 14 | <0.001 |
| All Period Deviations = 0 | 44.742 | 4 | <0.001 | 16.049 | 4 | 0.003 |
| All Cohort Deviations = 0 | 457.169 | 19 | <0.001 | 186.702 | 19 | <0.001 |
| All Period RR = 1 | 459.281 | 5 | <0.001 | 1175.315 | 5 | <0.001 |
| All Cohort RR = 1 | 1012.317 | 20 | <0.001 | 1467.791 | 20 | <0.001 |
| All Local Drifts = Net Drift | 453.904 | 16 | <0.001 | 184.006 | 16 | <0.001 |

中国男性和女性伤害死亡率的纵向年龄曲线如图 3-32 所示。可以看出,在控制队列效应并调整时期效应后,男性和女性的伤害死亡风险在其生命阶段均大体呈现出先降低再升高而后再降低再升高的趋势。具体而言,男性和女性的伤害死亡风

险均先由 0~4 岁的最高点降低至最低点(男性为 10~14 岁阶段,女性为 15~19 岁阶段),然后回升至 20~24 岁,之后再次降低至 50~54 岁,最后又再次升高。总体来看,除了 0~4 岁外,在整个生命阶段,男性的伤害死亡风险均高于女性。

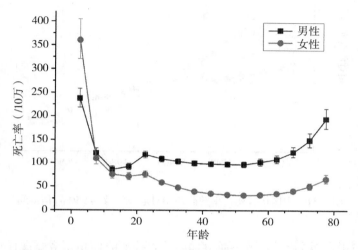

图 3-32 中国伤害死亡率的纵向年龄曲线及其 95% 置信区间

中国男性和女性伤害死亡率的时期相对危险度和队列相对危险度分别如图 3-33 和图 3-34 所示。可以看出,男性与女性伤害死亡风险的时期相对危险度呈现

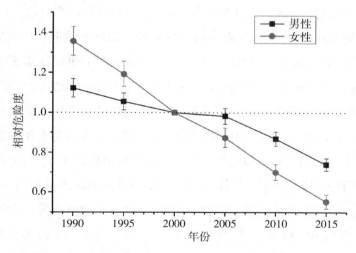

图 3-33 中国伤害死亡率的时期相对危险度及其 95% 置信区间

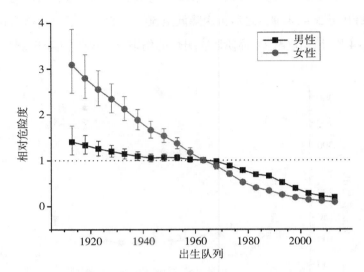

图 3-34  中国伤害死亡率的队列相对危险度及其 95% 置信区间

出相似的单调递减模式，在整个研究期间，女性的时期相对危险度比男性下降的更多。同样的，男性与女性伤害死亡风险的队列相对危险度也显示出相似的单调降低模式，总体来看，女性的队列相对危险度比男性下降得更多。

## 3.3.2  道路交通伤害死亡率的年龄-时期-队列模型分析

中国道路交通伤害死亡率净偏移和局部偏移值如图 3-35 所示，其 APC 模型的可估计函数 Wald 卡方检验见表 3-16。在 1990—2015 年期间，中国男性道路交通伤害死亡率净偏移为 $-0.006\%$/每年（95% CI：$-0.109\%$/每年至 $0.229\%$/每年），女性为 $-1.261\%$/每年（95% CI：$-1.492\%$/每年至 $-1.029\%$/每年）。由于女性道路交通伤害死亡率净偏移值不在每年 $-1\%\sim1\%$ 的范围内，故其可被认为是实质性偏移。可以看出，男性 30 岁以前的年龄组和女性的每个年龄组的局部偏移值都低于 0，而男性 30 岁以后年龄组的局部偏移值则高于 0，并且男性和女性局部偏移值趋势大体上相似。具体而言，男性的局部偏移值在 0~4 岁至 5~9 岁年龄组降低，而后不断升高至 55~59 岁阶段，之后又有所下降；女性的局部偏移值在 0~4 岁至 10~14 岁年龄组降低，而后不断升高至 55~59 岁阶段，之后又稍微下降。结果还表明，在所有年龄组中，除了 0~9 岁阶段的两个年龄组外，女性的局部偏移值都低于男性。此外，基于 Wald 卡方检验的结果可知，在中国男性和女性道路交通伤害死亡率的所有偏移(净偏移、局部偏移值)、所有偏差(年龄偏差、时期偏差、队列偏差)以及所有相对危险度(时期相对危险度、队列相对危险度)里，除了男性净偏移外，其他所有值均具备统计学意义(均为 $P < 0.05$)。

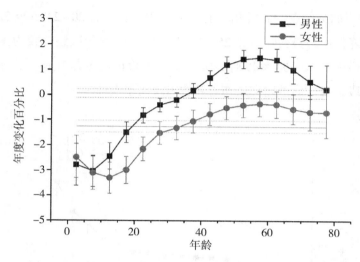

图 3-35  1990—2015 年中国道路交通伤害死亡率的净偏移和局部偏移值

表 3-16    道路交通伤害死亡率 APC 模型的可估计函数 Wald 卡方检验

| 原假设 | 男性 | | | 女性 | | |
|---|---|---|---|---|---|---|
| | 卡方 | 自由度 | P 值 | 卡方 | 自由度 | P 值 |
| Net Drift = 0 | 0.48 | 1 | 0.488 | 112.714 | 1 | <0.001 |
| All Age Deviations = 0 | 627.962 | 14 | <0.001 | 240.252 | 14 | <0.001 |
| All Period Deviations = 0 | 166.985 | 4 | <0.001 | 81.583 | 4 | <0.001 |
| All Cohort Deviations = 0 | 236.972 | 19 | <0.001 | 87.039 | 19 | <0.001 |
| All Period RR = 1 | 167.007 | 5 | <0.001 | 188.584 | 5 | <0.001 |
| All Cohort RR = 1 | 237.004 | 20 | <0.001 | 215.299 | 20 | <0.001 |
| All Local Drifts = Net Drift | 236.242 | 16 | <0.001 | 86.285 | 16 | <0.001 |

中国男性和女性道路交通伤害死亡率的纵向年龄曲线如图 3-36 所示。可以看出，在控制队列效应并调整时期效应后，男性和女性的道路交通伤害死亡风险在其生命阶段均大体呈现出先降低而后升高的趋势。具体而言，男性的道路交通伤害死亡风险先略微升高，然后下降至 10~14 岁的最低点，再迅速升高至 20~24 岁，随后在 20~24 岁至 50~54 岁阶段整体较为平稳，仅略微有所上升，最后在 50~54 岁以后的阶段死亡风险再次迅速升高。女性的道路交通伤害死亡风险先下降至 10~14 岁的最低点，而后升高至 20~24 岁，在之后 20~24 岁至 25~29 岁阶段先又呈现降低的趋势，随后在 25~29 岁至 50~54 岁阶段整体较为平稳仅略微有所上升，最后在 50~54 岁以后的阶段死亡风险再次迅速升高。总体来看，在整个生命阶段，男性的道路交通伤害死亡风险高于女性。

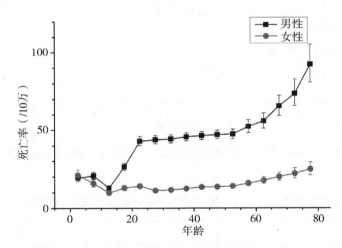

图 3-36　中国道路交通伤害死亡率的纵向年龄曲线及其 95% 置信区间

中国男性和女性道路交通伤害死亡率的时期相对危险度如图 3-37 所示。可以看出，男性与女性道路交通伤害死亡风险的时期相对危险度在 2005 年以后均呈现出相似的下降趋势；男性的时期相对危险度则在 1990—2005 年期间呈现上升趋势，而女性的时期相对危险度在 1990—2005 年期上下略微波动但其总体相对较为平稳。总体来看，在整个研究期间，女性道路交通伤害死亡率的时期相对危险度比男性要下降得更多。

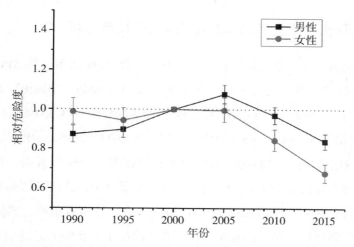

图 3-37 中国道路交通伤害死亡率的时期相对危险度及其 95% 置信区间

中国男性和女性道路交通伤害死亡率的队列相对危险度分别如图 3-38 所示。可以看出,男性的队列相对危险度在 1965—1969 年的出生队列以前呈现升高趋势而在其之后开始不断降低,而女性的队列相对危险度则在整体上显示出下降趋势。总体来看,在整个研究期间,女性道路交通伤害死亡率的队列相对危险度比男性下降得更多。

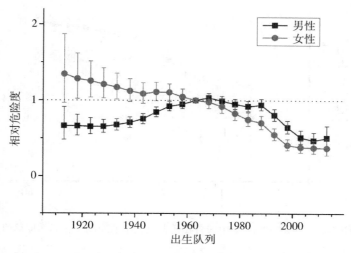

图 3-38 中国道路交通伤害死亡率的队列相对危险度及其 95% 置信区间

### 3.3.3　自我伤害死亡率的年龄-时期-队列模型分析

中国自我伤害死亡率净偏移和局部偏移值如图 3-39 所示，其 APC 模型的可估计函数 Wald 卡方检验见表 3-17。在 1990—2015 年期间，中国男性自我伤害死亡率净偏移为-3.290%/每年(95%CI：-3.431%/每年至-3.151%/每年)，女性为-5.253%/每年(95%CI：-5.445%/每年至-5.062%/每年)。由于其值不在每年-1%~1%的范围内，它们均可被认为是实质性偏移。可以看出，在所有年龄组中，男性和女性的每个年龄组的局部偏移值都低于 0，且其局部偏移值趋势相似。具体而言，两者的局部偏移值均在 20~24 岁年龄组有负峰，然后其值随年龄的增高而单调增加。结果还表明，在所有年龄组中，女性的局部偏移值都低于男性，女性和男性的局部偏移值之间的差异从年龄组 10~14 岁至 20~24 岁变大，之后开始不断变小。此外，基于 Wald 卡方检验的结果可知，中国男性和女性自我伤害死亡率的所有偏移(净偏移、局部偏移值)、所有偏差(年龄偏差、时期偏差、队列偏差)以及所有相对危险度(时期相对危险度、队列相对危险度)均具备统计学意义(均为 $P < 0.05$)。

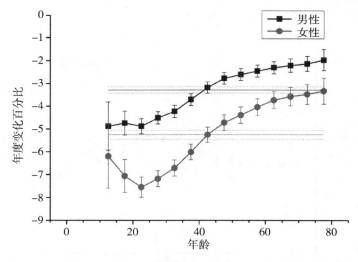

图 3-39　1990—2015 年中国自我伤害死亡率的净偏移和局部偏移值

表 3-17　　　　自我伤害死亡率 APC 模型的可估计函数 Wald 卡方检验

| 原假设 | 男性 | | | 女性 | | |
|---|---|---|---|---|---|---|
| | 卡方 | 自由度 | P 值 | 卡方 | 自由度 | P 值 |
| Net Drift = 0 | 2056.077 | 1 | <0.001 | 2739.563 | 1 | <0.001 |
| All Age Deviations = 0 | 1334.221 | 12 | <0.001 | 1212.729 | 12 | <0.001 |
| All Period Deviations = 0 | 63.417 | 4 | <0.001 | 61.337 | 4 | <0.001 |
| All Cohort Deviations = 0 | 241.889 | 17 | <0.001 | 304.914 | 17 | <0.001 |
| All Period RR = 1 | 2103.53 | 5 | <0.001 | 2818.69 | 5 | <0.001 |
| All Cohort RR = 1 | 2389.049 | 18 | <0.001 | 3284.803 | 18 | <0.001 |
| All Local Drifts = Net Drift | 235.697 | 14 | <0.001 | 293.388 | 14 | <0.001 |

　　中国男性和女性自我伤害死亡率的纵向年龄曲线如图 3-40 所示。可以看出，在控制队列效应并调整时期效应后，男性和女性的自我伤害死亡风险在其生命阶段均快速增加到 20~24 岁的高峰，并随后显示出快速地降低，其后是 54 岁男性和女性 69 岁后轻微上升。在 10~14 岁和 40~44 岁之间的女性中，自杀风险高于男性，但女性中的自杀风险低于 45~49 岁的男性。从 10~14 岁到 15~19 岁的女性和男性的自杀风险之间的差异变大，然后开始变小。在年龄组 40~44 中，女性和男性的自杀风险几乎没有差异，并且差异从 45~49 岁年龄组逆转，之后开始变大。

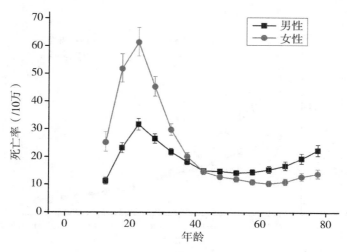

图 3-40　中国自我伤害死亡率的纵向年龄曲线及其 95% 置信区间

　　中国男性和女性自我伤害死亡率的时期相对危险度和队列相对危险度分别如图 3-41 和图 3-42 所示。可以看出，男性与女性自我伤害死亡风险的时期相对危险度呈现出相似的单调递减模式，在整个研究期间，女性的时期相对危险度比男性下降得更多。同样地，男性与女性自我伤害死亡风险的队列相对危险度也显示出相似的单调降低模式，总体来看，也是女性的队列相对危险度比男性下降得更多；但两种性别队列相对危险度的下降趋势有一个减速的过程，并且其相对危险度均从 1980 年左右的出生队列开始趋于平缓。

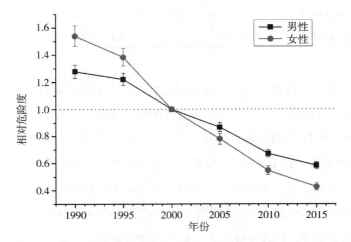

图 3-41　中国自我伤害死亡率的时期相对危险度及其 95% 置信区间

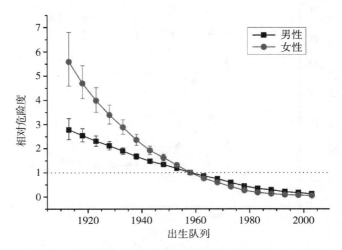

图 3-42　中国自我伤害死亡率的队列相对危险度及其 95% 置信区间

### 3.3.4 跌落死亡率的年龄-时期-队列模型分析

中国跌落死亡率净偏移和局部偏移值如图 3-43 所示，其 APC 模型的可估计函数 Wald 卡方检验见表 3-18。在 1990—2015 年期间，中国男性跌落死亡率净偏移为 −0.517%/每年（95% CI：−0.676%/每年至 −0.358%/每年），女性为 −1.562%/每年（95%CI：−1.913%/每年至 −1.210%/每年）。由于女性跌落死亡率净偏移值不在每年 −1% ~ 1% 的范围内，故其可被认为是实质性偏移。可以看出，男性 40 岁以前的年龄组和女性每个年龄组的局部偏移值都低于 0，而男性 40 岁以后的年龄组则高于 0。总体来看，两者的局部偏移值均随年龄的增高而增加；女性的局部偏移值都低于男性的对应值。此外，基于 Wald 卡方检验的结果可知，中国男性和女性跌落死亡率的所有偏移（净偏移、局部偏移值）、所有偏差（年龄偏差、时期偏差、队列偏差）以及所有相对危险度（时期相对危险度、队列相对危险度）均具备统计学意义（均为 $P < 0.05$）。

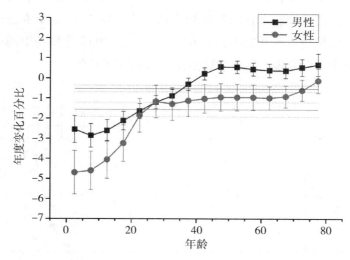

图 3-43 1990—2015 年中国跌落死亡率的净偏移和局部偏移值

表 3-18　　　跌落死亡率 APC 模型的可估计函数 Wald 卡方检验

| 原假设 | 男性 | | | 女性 | | |
|---|---|---|---|---|---|---|
| | 卡方 | 自由度 | $P$ 值 | 卡方 | 自由度 | $P$ 值 |
| Net Drift = 0 | 40.409 | 1 | <0.001 | 74.841 | 1 | <0.001 |

续表

| 原假设 | 男性 | | | 女性 | | |
|---|---|---|---|---|---|---|
| | 卡方 | 自由度 | P 值 | 卡方 | 自由度 | P 值 |
| All Age Deviations = 0 | 941. 796 | 14 | <0. 001 | 1468. 585 | 14 | <0. 001 |
| All Period Deviations = 0 | 100. 991 | 4 | <0. 001 | 34. 641 | 4 | <0. 001 |
| All Cohort Deviations = 0 | 218. 91 | 19 | <0. 001 | 107. 139 | 19 | <0. 001 |
| All Period RR = 1 | 137. 285 | 5 | <0. 001 | 110. 38 | 5 | <0. 001 |
| All Cohort RR = 1 | 234. 698 | 20 | <0. 001 | 191. 983 | 20 | <0. 001 |
| All Local Drifts = Net Drift | 216. 31 | 16 | <0. 001 | 105. 658 | 16 | <0. 001 |

　　中国男性和女性跌落死亡率的纵向年龄曲线如图 3-44 所示。可以看出，在控制队列效应并调整时期效应后，男性和女性的跌落死亡风险在其生命阶段均呈现出先降低而后升高的趋势，并且均在老年阶段迅速升高。具体而言，男性的跌落死亡风险先下降至 10~14 岁的最低点，在而后的阶段不断升高，其中在 65 岁以后死亡风险迅速升高；女性的跌落死亡风险先下降至 15~19 岁的最低点，在而后的阶段开始缓慢地不断升高，在 65 岁以后死亡风险升高变得同样迅速。总体来看，在整个生命阶段，男性的跌落死亡风险均高于女性。

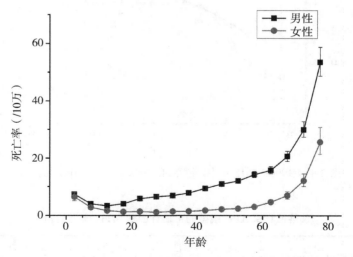

图 3-44　中国跌落死亡率的纵向年龄曲线及其 95% 置信区间

中国男性和女性跌落死亡率的时期相对危险度如图 3-45 所示。可以看出，男性与女性跌落死亡风险的时期相对危险度在 2000 年以前均呈现出相似的下降趋势；男性的时期相对危险度在 2000—2010 年期间回升，然后在 2010—2015 年期间重新开始降低；女性的时期相对危险度则在 2000—2005 年期间回升，然后在 2005—2015 年期间重新开始降低。总体来看，在整个研究期间女性跌落死亡率的时期相对危险度比男性下降得更多。

中国男性和女性跌落死亡率的队列相对危险度分别如图 3-46 所示。可以看

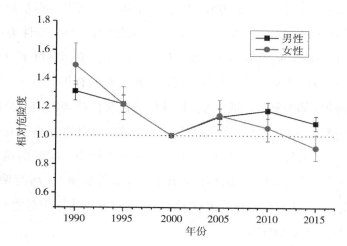

图 3-45 中国跌落死亡率的时期相对危险度及其 95%置信区间

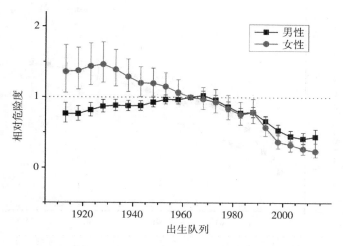

图 3-46 中国跌落死亡率的队列相对危险度及其 95%置信区间

出，男性的队列相对危险度在 1965—1969 年的出生队列以前呈现升高趋势而在其之后开始不断降低，而女性的队列相对危险度则在整体上显示出下降趋势。总体来看，在整个研究期间，女性跌落死亡率的队列相对危险度比男性下降得更多。

### 3.3.5 溺水死亡率的年龄-时期-队列模型分析

中国溺水死亡率净偏移和局部偏移值如图 3-47 所示，其 APC 模型的可估计函数 Wald 卡方检验见表 3-19。在 1990—2015 年期间，中国男性溺水死亡率净偏移为 −3.100%/每年（95%CI：−3.368%/每年至 −2.832%/每年），女性为 −3.164%/每年（95%CI：−4.509%/每年至 −3.818%/每年）。由于其值不在每年 −1%~1% 的范围内，它们均可被认为是实质性偏移。可以看出，在所有年龄组中，男性和女性的每个年龄组的局部偏移值都低于 0，且其局部偏移值趋势相似。总体来看，两者的局部偏移值均总体上随年龄的增高而增加；在所有年龄组中，女性的局部偏移值都低于男性。此外，基于 Wald 卡方检验的结果可知，除时期偏差外，中国男性和女性溺水死亡率的所有偏移（净偏移、局部偏移值）、所有偏差（年龄偏差、队列偏差）以及所有相对危险度（时期相对危险度、队列相对危险度）均具备统计学意义（均为 $P < 0.05$）。

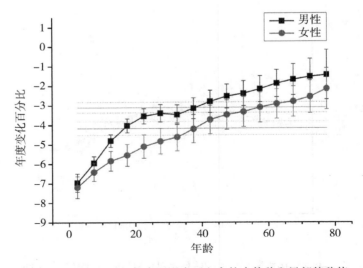

图 3-47　1990—2015 年中国溺水死亡率的净偏移和局部偏移值

表 3-19　　　　　　　　　溺水死亡率 APC 模型的可估计函数 Wald 卡方检验

| 原假设 | 男性 | | | 女性 | | |
|---|---|---|---|---|---|---|
| | 卡方 | 自由度 | P 值 | 卡方 | 自由度 | P 值 |
| Net Drift = 0 | 497.436 | 1 | <0.001 | 534.355 | 1 | <0.001 |
| All Age Deviations = 0 | 1717.04 | 14 | <0.001 | 2161.993 | 14 | <0.001 |
| All Period Deviations = 0 | 5.393 | 4 | 0.249 | 2.379 | 4 | 0.666 |
| All Cohort Deviations = 0 | 353.144 | 19 | <0.001 | 170.937 | 19 | <0.001 |
| All Period RR = 1 | 523.416 | 5 | <0.001 | 585.085 | 5 | <0.001 |
| All Cohort RR = 1 | 2155.573 | 20 | <0.001 | 1484.146 | 20 | <0.001 |
| All Local Drifts = Net Drift | 340.325 | 16 | <0.001 | 168.801 | 16 | <0.001 |

　　中国男性和女性溺水死亡率的纵向年龄曲线如图 3-48 所示。可以看出，在控制队列效应并调整时期效应后，男性和女性的溺水死亡风险在其生命阶段的波动基本与女性一致，呈现出先迅速降低，而后下降变缓，最后缓慢略微升高的趋势。具体而言，男性溺水死亡风险从 0～4 岁到 15～19 岁阶段迅速下降，而后在 15～19 岁到 55～59 岁阶段下降变缓，最后在 55～59 岁到 75～79 岁阶段缓慢略微升高；女性溺水死亡风险从 0～4 岁到 5～9 岁阶段迅速下降，而后在 5～9 岁到 15～19 岁阶段下降稍缓，在 15～19 岁到 55～59 岁阶段下降进一步变缓，最后在 55～59 岁到 75～79 岁阶段缓慢略微升高。总体来看，在整个生命阶段，男性溺水的死亡风险一直都高于女性。

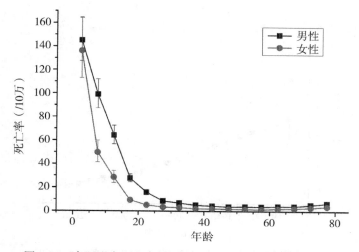

图 3-48　中国溺水死亡率的纵向年龄曲线及其 95% 置信区间

中国男性和女性溺水死亡率的时期相对危险度和队列相对危险度分别如图3-49和图3-50所示。可以看出，男性与女性溺水死亡风险的时期相对危险度呈现出相似的单调递减模式；在整个研究期间，女性的溺水死亡率的时期相对危险度比男性下降得更多。同样的，男性与女性溺水死亡风险的队列相对危险度也被显示出相似的单调降低模式，总体来看，也是女性的队列相对危险度比男性下降更多；但在1980年以后的出生队列中，男性和女性的队列相对危险度均呈现下降变缓的趋势。

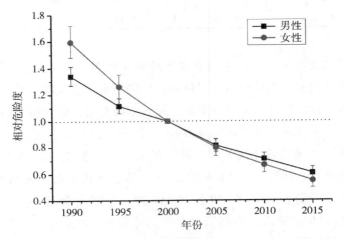

图 3-49　中国溺水死亡率的时期相对危险度及其 95% 置信区间

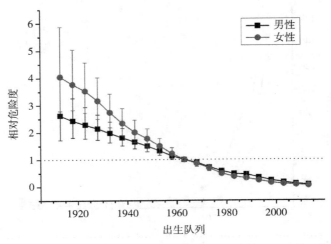

图 3-50　中国溺水死亡率的队列相对危险度及其 95% 置信区间

# 第4章　模型探讨及结果剖析

## 4.1　中国人群伤害死亡水平概况

2015 年中国人群总伤害标化死亡率为 54.21/10 万(其中男性为 74.74/10 万,女性为 32.93/10 万)。而根据 GBD2015 的最新研究数据①,2015 年全球总伤害标化死亡率为 66.20/10 万(其中男性为 94.28/10 万,女性为 38.72/10 万),世界银行低收入国家总伤害标化死亡率为 106.94/10 万(其中男性为 150.28/10 万,女性为 66.96/10 万),中等偏下收入国家总伤害标化死亡率为 77.42/10 万(其中男性为 105.16/10 万,女性为 50.13/10 万),中等偏上收入国家总伤害标化死亡率为 64.45/10 万(其中男性为 95.88/10 万,女性为 33.45/10 万),高收入国家总伤害标化死亡率为 39.65/10 万(其中男性为 57.22/10 万,女性为 22.67/10 万)。可以看出,2015 年中国人群总伤害标化死亡率低于世界平均水平,其总伤害死亡水平已介于世界银行中等偏上收入国家和高收入国家之间;中国男性伤害死亡状况与女性相比较为严重(其总伤害死亡的男女标化率之比值为 2.27),这一情况与世界其他国家类似。2015 年中国全人群、男性和女性的伤害死亡率总体来看均随着年龄组的增高而呈上升趋势,但全人群、男性和女性伤害死亡占总死因构成比在不同年龄组间差异较大。5~24 岁年龄段伤害死亡率较低但其占总死因构成比值最大(约为一半),这是由于青少年和儿童阶段一般较少受到其他死亡因素的威胁;虽然伤害在我国青少年和儿童年龄组的死亡率较低,但它却是

---

① Wang H, Naghavi M, Allen C, et al. Global, regional, and national life expectancy, all-cause mortality, and cause-specific mortality for 249 causes of death, 1980—2015: A systematic analysis for the Global Burden of Disease Study 2015[J]. The Lancet, 2016, 388(10053): 1459-1544.

造成我国人群早死和劳动力损失的重要因素，需要引起重视。65 岁以上年龄段伤害死亡较高但其占总死因构成比值最小(低于 5%)，这是由于老年人大量的其他竞争死亡原因(competing causes of death)作用的影响；虽然伤害在我国老年人占总死因构成比十分小，但我国老年人高伤害死亡率的事实却不能因此而被忽视。

2015 年我国全人群、男性和女性的不同类别伤害死亡死因顺位前四位相同，依次均为道路交通伤害、自我伤害、跌落和溺水。中国全人群、男性和女性伤害死亡的死因构成均存在有明显的年龄特征，虽然不同年龄组所面临的主要伤害及其构成均不尽相同，但是道路交通伤害、自我伤害、跌落和溺水基本上均位于各年龄组的死因构成前三位。此外，虽然中国全人群、男性和女性伤害死亡谱发生过变化，但在 1990—2015 年间其不同类别伤害死亡死因顺位前四位均始终为道路交通伤害、自我伤害、跌落和溺水(其部分具体次序发生过变化但种类未发生改变)，且这四种伤害的死亡一直占据全部伤害死亡的绝大部分(3/4 左右)。上述情况表明，道路交通伤害、自我伤害、跌落和溺水是我国最主要的四种伤害类型，其死亡变化趋势值得密切关注。

## 4.2　伤害死亡变化趋势及趋势定量分析模型

在掌握中国人群伤害死亡水平概况的基础上，描绘我国人群总伤害死亡率和四种主要伤害类型(即道路交通伤害、自我伤害、跌落、溺水)死亡率在 1990—2015 年间的长期变化趋势，并应用联结点回归模型对研究期间进行分段划分，识别不同区段内死亡率趋势中哪一些上升或下降的趋势具有统计学意义，从而避免研究者在主观上对趋势进行判断。由于联结点回归模型并不具有因果推理的功能，我们需要一种工具能在联结点回归模型有效地描述趋势是否具有显著性的基础上，能进一步分析这些显著趋势背后所蕴含的可能因素。伤害的死亡风险受到众多因素的影响，年龄-时期-队列模型是一种能够同时对年龄效应、时期效应和队列效应进行研究，试图分解影响某社会现象的各种因素，寻找作用根源的统计方法。在年龄-时期-队列模型中，由于年龄、时期、队列三者之间的存在完全的共线性关系(年龄=时期-队列)，产生了"不可识别问题"，使参数估计无法求得唯一解。本研究在系统比较现有 APC 模型各类参数估计方法的特点与不足的基础上，深入研究并整合了 APC 模型的可估计函数法理论，阐明了其特点与其所具备的优势，在统一的框架内系统验证常见几类函数的可估计性，并在此基础上引出解释性较强的几类较新可估计函数，对我国人群总伤害死亡率和四种主要伤害类型（即道路交通伤害、自我伤害、跌落、溺水）死亡率在 1990—2015 年间的变化趋势进行分析，并在此基础上探究影响伤害死亡风险的主要因素。

## 4.2.1　总伤害死亡变化趋势及趋势定量分析模型

　　1990—2015 年间，中国总人群、男性和女性的伤害标化死亡率在此期间均呈现下降的趋势（2008 年除外），且在整个研究期间，男性伤害标化死亡率高于女性。总人群、男性和女性的伤害标化死亡率值在 2008 年产生回升突起的原因在于汶川特大地震（2008 年 5 月 12 日）造成了我国大量人员因该自然灾害死亡，若将该因素剔除，则中国总人群、男性和女性的伤害标化死亡率值在 2008 年也仍旧是下降的。总体来看，中国总人群伤害标化死亡率由 1990 年的 94.91/10 万下降至 2015 年的 54.21/10 万，降幅为 42.88%；男性伤害标化死亡率由 1990 年的 116.47/10 万下降至 2015 年的 74.74/10 万，降幅为 35.83%；女性伤害标化死亡率由 1990 年的 72.65/10 万下降至 2015 年的 32.93/10 万，降幅为 54.67%。可见，我国女性伤害标化死亡率的降幅大于男性。联结回归模型分析将 1990—2015 年间的中国总人群、男性和女性的伤害标化死亡率变化都划分为 2 个区间。总人群、男性和女性伤害标化死亡率在所有区间内的均呈现出显著性下降趋势，其中：总人群伤害标化死亡率在 1990—2008 年和 2008—2015 年间分别以年百分比变化率−1.6% 和−4.1% 的速度下降，男性伤害标化死亡率在 1990—2008 年和 2008—2015 年间分别以年百分比变化率−1.0% 和−3.8% 的速度下降，女性伤害标化死亡率在 1990—2008 年和 2008—2015 年间分别以年百分比变化率−2.6% 和−4.7% 的速度下降。年龄-时期-队列模型研究结果表明，1990—2015 年间，中国男性伤害死亡率净偏移为−1.522%/每年（95%CI：−1.665%/每年至−1.379%/每年），女性为−3.492%/每年（95%CI：−3.688%/每年至−3.295%/每年），并且所有年龄组中，男性和女性的每个年龄组的局部偏移值都低于 0。

　　根据中国总伤害死亡率的纵向年龄曲线结果（见图 3-33）可知，调整时期效应后，同一出生队列的中国男性和女性的总伤害死亡风险在其生命阶段均大体呈现出先降低再升高，而后再降低再升高的趋势。具体而言，男性和女性的伤害死亡风险均先由 0~4 岁的最高点降低至低点（男性为 10~14 岁阶段，女性为 15~19 岁阶段），然后回升至 20~24 岁，之后再次降低至 50~54 岁，最后在随后的老年阶段风险又再次升高。笔者认为，0~4 岁的幼儿阶段男性和女性的高伤害死亡风险的主要原因在于其身体刚开始发育，各类行动能力以及身体协调性差，极度缺乏必要的生活经验，好奇心强，但自我保护意识差，并且缺乏危险的感知能力和预见能力。0~4 岁到 10~14 岁阶段的男性和女性伤害死亡风险呈现下降趋势，这除了与上述行动能力的逐渐改善有关外，还与这一阶段是学龄阶段因而其很多伤害风险的暴露机会变少有关。女性在 10~14 岁至 15~19 岁阶段的伤害死亡风险继续下降，而男性在这一阶段的伤害死亡风险开始回升，这一差异可能与这一阶段男女独立活动的时间增多，但男孩更加好动和富有冒险精神，因此更容易暴露于伤害风险有关。男性与女性在 15~19 岁到 20~24 岁阶段的伤害死亡风险均呈现上升趋势，其中的原因可能在于这一阶段的人群正处于离开学校或家庭，进入社会工作，开始变得独立自主有关（在这一阶段除了常见的意外伤害外，自我伤害死亡风险达到生命阶段的顶峰）。男性与女性的伤害死亡风险在 20~24 岁至 50~54 岁阶段降低，这可能与该阶段男女均在心理上变得更加成熟、稳重并且其安全意识变强有关。男性与女性的伤害死亡风险在 50~54 岁以后的阶段逐渐升高的主要原因在于其身体机能退化、环境适应能力变弱、各类慢性病罹患率增加以及其退休后活动时间变多等。

从中国男性和女性总伤害死亡率的时期相对危险度结果（见图 3-34）来看，男性与女性总伤害死亡风险的时期相对危险度均在研究期间内呈现出下降趋势。其中，与 1990 年相比，男性与女性在 2015 年溺水死亡风险的时期相对危险度分别降低了 34.05% 和 59.22%。男性与女性总伤害死亡风险的时期相对危险度的改变是所有伤害类型死亡风险时期效应的综合体现，虽然某些伤害类型死亡风险的时期相对危险度在部分时期内有所上升，但总体来看，我国人群伤害死亡风险随着时间的推移总体呈现降低趋势。中国男性和女性总伤害死亡率的队列相对危险度结果（见图 3-35）表明，除了男性 1941—1945 年到 1966—1970 年的出生队列其相对危险度持平外，其他男性与女性总伤害死亡风险的队列相对危险度均呈现出下降趋势。其中，男性 1911—1915 年的出生队列和 2011—2015 年的出生队列的相对危险度分别是参照组（1961—1965 年的出生队列）的 1.41 倍和 0.19 倍；女性 1911—1915 年的出生队列和 2011—2015 年的出生队列的相对危险度分别是参照组（1961—1965 年的出生队列）的 3.09 倍和 0.09 倍。与 1911—1915 年的出生队列相比，男性与女性在 2011—2015 年的出生队列总伤害死亡风险的队列相对危险度分别降低了 86.48% 和 97.06%。同样，男性与女性总伤害死亡风险的队列相对危险度的改变是所有伤害类型死亡风险队列效应的综合体现。其中，男性 1941—1945 年到 1966—1970 年的出生队列的总伤害死亡风险的相对危险度持平的原因在于，这几个队列某些伤害类型（如道路交通伤害和跌落）死亡率的队列相对危险度呈上升趋势，抵消了其他伤害类型（如自我伤害和溺水）死亡率的队列相对危险度的下降趋势。

## 4.2.2 道路交通伤害死亡趋势及趋势定量分析模型

1990—2015 年间，中国总人群、男性和女性的道路交通伤害标化死亡率在此期间均呈现先上升而后下降的趋势。其中，中国总人群道路交通伤害标化死亡率由 1990 年的 23.19/10 万上升至 2002 年的 27.72/10 万，而后不断下降至 2015 年的 20.44/10 万；男性道路交通伤害标化死亡率由 1990 年的 31.93/10 万上升至 2002 年的 40.04/10 万，而后不断下降至 2015 年的 30.59/10 万；女性道路交通伤害标化死亡率由 1990 年的 14.22/10 万上升至 2002 年的 15.09/10 万，而后不断下降至 2015 年的 9.93/10 万。联结回归模型分析将 1990—2015 年间的中国总人群、男性和女性的道路交通伤害标化死亡率变化都划分为 5 个区间。其中，总人群道路交通伤害标化死亡率在 1995—1999 年和 1999—2002 年间呈现显著性上升趋势（分别为 1.6% 和 3.6%），在 2002—2007 年和 2007—2015 年间均呈现出显著性下降趋势（分别为 -0.9% 和 -3.3%）；男性道路交通伤害标化死亡率在 1990—1995 年、1995—1999 年和 1999—2002 年间呈现显著性上升趋势（分别为 0.8%、2.1% 和 3.7%），在 2007—2015 年间均呈现出显著性下降趋势（-3.1%）；女性道路交通伤害标化死亡率除了在 1998—2002 年间呈现显著性上升趋势（2.9%），在 1990—1998 年、2005—2010 年和 2010—2015 年间均呈现出显著性下降趋势（分别为 -0.5%、-3.1% 和 -4.1%）。年龄-时期-队列模型研究结果表明，1990—2015 年间，中国男性道路交通伤害死亡率净偏移为 -0.006%/每年（95%CI：-0.109%/每年至 0.229%/每年），女性为 -1.261%/每年（95%CI：-1.492%/每年至 -1.029%/每年），并且男性 30 岁以前的年龄组和女性的每个年龄组的局部偏移值都低于 0，而男性 30 岁以后年龄组的局部偏移值则高于 0。

虽然目前年龄因素较少被视作是影响道路交通伤害死亡的危险因素，但本研究表明，年龄因素是一个影响我国道路交通伤害死亡的重要人口学因素，尤其是对于男性而言。从中国道路交通伤害死亡率的纵向年龄曲线结果（见图 3-37）可知，在控制队列效应并调整时期效应后，若以男性和女性道路交通伤害死亡风险最低的 10~14 岁阶段为参照，男性在 0~4 岁和 5~9 岁阶段的死亡风险是其 1.5 倍左右，在 15~19 岁阶段的死亡风险是其 2 倍左右，而在 20~54 岁阶段的死亡风险是其 3.5 倍左右，在 55 岁以后的死亡风险则是其 4~7 倍；女性在 0~4 岁和 5~9 岁阶段的死亡风险是其 1.9 倍左右，在 15~54 岁阶段的死亡风险是其 1.3 倍左右，在 55 岁以后的死亡风险则是其 1.64~2.5 倍。总体来看，中国男性和女性的道路交通伤害死亡风险在其生命阶段均大体呈现出先降低而后升高的趋势，这与我国台湾学者的研究结果基本一致。

具体来看，男性和女性在 0~4 岁至 10~14 岁阶段道路交通伤害死亡风险大体呈现下降趋势而后则开始升高，这其中的主要原因很可能与学龄儿童暴露于道路交通伤害的机会减少有关。在中国，5~9 岁和 10~14 岁阶段学龄儿童白天主要的时间（早上八点至下午五点）都在学校度过，并且其独立逗留在校外的时间相对较少，这样一来，他们暴露于道路交通伤害的机会自然就变得较少。需要注意的是，与女性在 0~4 岁至 10~14 岁阶段道路交通伤害死亡风险持续降低不同，男性在 5~9 岁阶段比其在 0~4 岁阶段的道路交通伤害死亡风险略微增加，其原因可能与在 5~9 岁阶段监护人对其监管稍微放松以后，男童相比女童更加容易在马路上追逐、嬉戏和打闹甚至闯红灯，以及更容易有不安全的骑车行为等有关。

虽然男性和女性的道路交通伤害死亡风险在 20~54 岁阶段略微波动升高，但从整个生命阶段来看，该阶段整体还是相对较为平稳的。在此之后，男性和女性道路交通伤害死亡风险在老年阶段迅速攀升至最大，即在调整时期效应后的同一个出生队列中，中国男性和女性道路交通伤害死亡风险最大的生命阶段是其老年阶段。这是由于随着年龄的增长，老年人身体器官和行为机能等都不如以前，其视力功能以及其对周围环境的感知能力和反应能力均有所下降，这些因素都会增加其发生道路交通意外的可能。另外，老年人相比其他年龄组人群来说其身体素质较差，并更常伴随患有一种或多种慢性病，这些因素使得在相同的受伤程度下，老年人更容易在道路交通意外中丧命。除上述两点之外，笔者认为，老年人退休后暴露于道路交通伤害的机会增多亦是导致其交通伤害死亡风险最大的重要原因之一。

需要指出的是，虽然有证据表明，15~44 岁阶段内所有年龄组的道路交通伤害死亡人数以及该年龄组在所有年龄道路交通伤害死亡中的占比都很多，这可能让人觉得造成了该阶段内年龄组道路交通伤害死亡风险较大，但实际上这并不能说明 15~44 岁阶段内所有年龄组的道路交通伤害死亡风险比其他组大。该阶段内人口基数大，故其道路交通伤害死亡人数和其在总道路交通伤害死亡人数的占比也较大；虽然老年阶段年龄组的道路交通伤害死亡人数以及该年龄组在所有年龄道路交通伤害死亡中的占比都相对 15~44 岁阶段少，但由于老年人的人口基数相对更少，所以老年阶段的死亡率其实是高于 15~44 岁阶段的。本研究的纵向年龄曲线(图 3-37)也证实了，中国人群在 15~44 岁阶段的道路交通伤害死亡风险在整个生命阶段中并不算突出，男性和女性道路交通伤害死亡风险最大的生命阶段均是老年阶段。

对于道路交通伤害死亡风险的时期效应，首先需要考虑的是编码转变问题对其可能的影响。本研究的研究时间跨度较长(1990—2015 年)，其间中国使用的疾病编码完成了从 ICD-9 向 ICD-10 的过渡。原卫生部要求我国所有医院自2002年起采用 ICD-10对住院病人的信息进行编码；我国县及县以上医院从 2003 年起普遍开展了 ICD-10编码工作。从中国男性和女性道路交通伤害死亡率的时期相对危险度结果(见图 3-38)来看，男性与女性道路交通伤害死亡风险的时期相对危险度自 2005 年起呈现出下降趋势。其中，与2005 年相比，男性与女性在 2015 年道路交通伤害死亡风险的时期相对危险度分别降低了22.09%和31.93%。根据国外已有研究报道①，意大利和挪威道路交通伤害死亡人数在开展 ICD-10 后分别下降了 9%和13%，而这部分下降与 ICD-10 对填报交通伤害时与 ICD-9 要求不同有关；因为在 ICD-10

① Anderson R N, Miniño A M, Hoyert D L, et al. Comparability of cause of death between ICD-9 and ICD-10: Preliminary estimates[J]. National Vital Statistics Reports: From the Centers for Disease Control and Prevention, National Center for Health Statistics, National Vital Statistics System, 2001, 49(2): 1-32.

中，倘若遇难者的死亡证明中倘若没有出现类似"机动车"等字眼，或并未鉴定出肇事车辆为何种类型时，则其并不会像在 ICD-9 那样归类于"道路交通伤害"里，而是会被归类于"其他交通伤害"类别里（V80-89）。美国与加拿大在开展 ICD-10 后决定对于交通伤害死亡的编码采取 ICD9 时的标准进行判断，其"道路交通伤害"死亡的可比性率则均由原来的 0.85 左右上升至 0.98 左右。但目前我国尚无这方面的相关研究，中国道路交通伤害死亡的编码转变对死亡数影响的问题尚有待进一步研究。

当然，除了 ICD 编码转变外，我国道路交通伤害死亡风险的时期效应的改变很可能还与其他的因素相关。一般认为，地区的经济情况（人均 GDP）与道路交通伤害死亡率存在着库兹涅茨曲线型（非线性的倒"U"形）关系。也就是说，当经济发展时，首先伴随的是机动车数量迅速增长与道路交通伤害死亡率快速升高，但当经济继续发展到某一程度时，即使机动车数量继续增长，其道路交通伤害死亡率也会到达某一点之后开始下降。这一现象称为施密德经验法则（Smeed's Law），它不仅在发达国家中能被观察到，在很多发展中国家的有关研究中该现象也得到了验证。有研究表明，施密德经验法则同样适用于中国的情况，中国经济发展与其道路交通伤害死亡率存在着库兹涅茨曲线型关系。但需要说明的是，经济因素并不是独立地或直接地影响道路交通伤害死亡率的时期相对危险度。随着经济的增长以及道路交通伤害死亡率的上升，民众会更加注重道路交通伤害的威胁，从而提高安全意识，而政府有关部门也会采取各类措施来控制、减少道路交通伤害。这整个过程被称作"国家学习曲线"（National Learning Curve）。

本研究中道路交通伤害死亡率的时期相对危险度结果（图 3-38）也印证了施密德经验法则，中国人群道路交通伤害死亡率的时期相对危险度在研究期间的初始（1990 年）上升至 2005 年的最高点，然后下降直至研究期间的尾端（2015 年）。笔者认为，在改革开放以来经济情况以及机动车数量都快速增长的大背景下，中国人群道路交通伤害死亡率的时期相对危险度的下降很可能与以下几方面因素有关：第一是公众交通安全意识和行为的提升，随着文化程度普遍提高以及有关部门、媒体的大力宣传，公众整体交通安全意识和行为较之以往有所提升，从而一定程度上降低了道路交通伤害的死亡风险。第二是公众出行方式的转变，人们平时出行更多是采用公共交通和私家车等，而非以往的自行车和步行方式。长途出行时采用航空、铁路等方式逐渐增多，由于道路交通事故的风险高于其他所有交通方式的风险总和，所以这也在一定程度上降低了道路交通伤害死亡率的时期相对危险度。第三是政府道路交通方面相关法律法规的出台。2003 年颁布并于 2004 年 5 月 1 日开始实施的我国首部《道路交通安全法》对遏制道路交通事故以及死亡人数起到了积极作用。第四是政府有关部门对道路交通安全监管措施的加强。例如各有关部门对春节等重要传统节日前后和"五一""十一"旅游黄金周的特别关注，对危险路段、事故高发路段的警示标牌和相关设备设施（道路反光镜等）的完善，对全国范围内各类驾驶执照是否有效的检查和对超载、车况不良等车辆的查禁，以及对违章违法事件的查处能力（测速仪和酒精检测仪的广泛使用）和力度的提高等因素。另外，城市化的进程可能也存在部分影响。有学者推测，城镇化的扩展带来了速度管理上的优化以及由交通密度上升导致的平均车速的降低，这些城市化进程产生因素也可能对人群道路交通伤害死亡率的下降产生了部分积极影响，不过这一观点有待进一步论证。

中国男性和女性道路交通伤害死亡率的队列相对危险度结果（见图 3-39）表明，整体来看，男性道路交通伤害死亡风险的队列相对危险度呈先上升后下降的趋势，而女性道路交通伤害死亡风险的队列相对危险度则一直呈现下降的趋势。其中，以 1961—1965 年的出生队列为参考组，男性的相对危险度由 1911—1915 年出生队列的 0.66 倍升高至 1966—1970 年出生队列的 1.03 倍，然后又降至 2011—2015 年出生队列的 0.51 倍；女性的相对危险度由 1911—1915 年出生队列的 1.35 倍不断下降至 2011—2015 年出生队列的 0.37 倍。与 1911—1915 年的出生队列相比，男性与女性在 2011—2015 年的出生队列道路交通伤害死亡风险的队列相对危险度均分别降低了 23.83% 和 72.34%。但需要注意的是，由于男性和女性 1911—1915 年至 1941—1945 年出生队列的相对危险度置信区间较大，尚不能认为该区间内其相对危险度变化明显。那么，与女性相比，男性出生队列道路交通伤害死亡风险的不同主要在于其在 1941—1945 年至 1966—1970 年的出生队列升高。虽然男性出生队列道路交通伤害死亡风险在 1966—1970 年以后的出生队列开始降低，但整体来看，相对于其他出生队列，男性出生队列道路交通伤害死亡风险在 1966—1970 年前后出生的几个队列（1951—1955 年至 1986—1990 年的出生队列）的相对危险度最高。由于目前国内对道路交通伤害领域的队列研究几近空白，现有的文献尚无法对于这一现象进行很好的解释。但笔者推测，这一现象很可能与农民工群体有关。现有资料表明①，农民工职业是我国道路交道伤害遇难者中最大伤亡群体。而根据适宜的劳动年龄人口估算，我国 20 世纪 80 年代后开始出现的农民工群体的主体基本就是 1966—1970 年前后出生的几个男性队列（1951—1955 年至 1986—1990 年的出生队列）。男性出生队列道路交通伤害死亡风险在这几个出生队列的相对危险度相对于其他出生队列来说最高的原因可能在于男性农民工群体由于工作原因需要外出，从而更易暴露于交通伤害的风险中。此外，国内外一般认为，在发生道路交通伤的成因中人的因素占主导（约占 90%）②。故笔者认为，中国男性和女性道路交通伤害死亡率的队列相对危险度在较年轻的出生队列中呈现的下降趋势主要与安全意识有关。在接收同样信息的相关安全教育后，年长的出生队列的不良行为习惯相比年轻的出生队列可能更难改变；另外，年轻出生队列由于在其更早的生命阶段就接触到了相对更加优良的交通氛围，其更加易于接受和适应良好的交通行为习惯。

## 4.2.3　自我伤害死亡变化趋势及趋势定量分析模型

1990—2015 年间，中国总人群、男性和女性的自我伤害标化死亡率在此期间均大体呈现下降的趋势。总体来看，中国人群自我伤害标化死亡率由 1990 年的 22.71/10 万下降至 2015 年的 9.04/10 万，降幅为 60.19%；男性自我伤害标化死亡率由 1990 年的 21.84/10 万下降至 2015 年的 10.98/10 万，降幅为 49.73%；女性自我伤害标化死亡率由 1990 年的 23.83/10 万下降至 2015 年的 7.17/10 万，降幅为 69.91%。我国女性自我伤害标化死亡率的降幅大于男性。虽然中国男性的自我伤害标化死亡率值在开始的几年低于女性的值，但自 1996 年后，男性的伤害标化死亡率值一直高于女性。联结回归模型分析将 1990—2015 年间的中国总人群、男性和女性的自我伤害标化死亡率变化都划分为 5 个区间。其中，总人群自我伤害标化死亡率除了在 2002—2005 年间的降低趋势并不显著

---

① 本仁. 农民：交通事故最大伤亡人群[J]. 安全与健康，2005(20)：52.

章亚东，侯树勋，王予彬，等. 道路交通伤院内死亡分析[J]. 中华创伤杂志，1999，15(1)：51-53.

② 肖可，刘旭霞，黄春英，等. 罗湖区非职业驾驶员气质类型与交通安全相关性调查[J]. 公共卫生与预防医学，2011，22(5)：128-129.

外，在其他所有区间内的均呈现显著性下降趋势；男性自我伤害标化死亡率除了在2001—2005年间的降低趋势并不显著外，在其他所有区间内的均呈现显著性下降趋势；女性自我伤害标化死亡率除了在2002—2005年间的降低趋势并不显著外，在其他所有区间内的均呈现显著性下降趋势。年龄-时期-队列模型研究结果表明，1990—2015年间，中国男性自我伤害死亡率净偏移为-3.290%/每年（95%CI：-3.431%/每年至-3.151%/每年），女性为-5.253%/每年（95%CI：-5.445%/每年至-5.062%/每年），并且在所有年龄组中，男性和女性的每个年龄组的局部偏移值都低于0。

年龄是自杀最重要的人口学因素之一。这是因为自杀风险由于生理变化、社会角色或地位改变、生活压力的不同，或这几个因素的混合，从而在不同的生命阶段并不相同。根据中国自我伤害死亡率的纵向年龄曲线结果（见图3-41）可知，在调整时期效应后，同一出生队列的中国男性和女性自我伤害死亡风险随着年龄呈现出先迅速升高，而后迅速降低，最后又缓慢回升的趋势。具体而言，在10~79岁阶段，我国男性和女性自我伤害死亡风险最大的阶段均出现在20~24岁阶段；且男性和女性自我伤害死亡风险在老年阶段均开始轻微回升。然而，之前国内外相关年龄-时期-队列模型研究结果显示，尽管年龄效应曲线在许多发达国家或地区，包括北美国家（例如美国），欧洲地区（例如瑞士、瑞典、英格兰和威尔士）和亚洲地区（例如日本、韩国、中国香港），均不尽相同，但这些研究的结果都表明，自我伤害的最大死亡风险均是在其50岁以后的生命阶段。唯一与本研究结果类似的是关于美国黑人群体自我伤害死亡率的年龄-时期-队列分析研究，该研究结果也表明了在美国黑人群体中自我伤害的最大死亡风险在其青年阶段[1]。本书的结果提示，在我国，人群自杀的特殊年龄效应模式值得关注，其潜在的原因有待进一步研究。然而，基于现有的相关研究证据，笔者认为，较高的绝望度、人际争执、生活压力，较低的社会经济地位和/或生活质量，较低的教育文化程度或是辍学率较高，不愿意主动寻求帮助或报告其抑郁症状，自杀意念和自杀企图等因素很可能是导致中

---

① Joe S. Explaining changes in the patterns of black suicide in the United States from 1981 to 2002: An age, cohort, and period analysis[J]. Journal of Black Psychology, 2006, 32(3): 262-284.

Wang Z, Yu C, Wang J, et al. Age-period-cohort analysis of suicide mortality by gender among white and black Americans, 1983—2012[J]. International Journal for Equity in Health, 2016, 15(1): 107.

国人群最大自我伤害死亡风险的在其年轻生命阶段的原因。此外，中国人群自我
伤害死亡风险在其老年阶段缓慢回升的原因可能与其退休、"空巢危机"、亲属
（尤其是配偶）或朋友死亡、身体机能退化及活动限制、严重疾病等因素有关，
因为这些因素均会导致中国人在其晚年生活更加的孤立（isolation）（正如同在发达
国家和地区的老年人一样），而诸多实证研究均表明社会隔离和老年人之间的自
杀倾向之间存在正相关关系。

对于自我伤害死亡风险的时期效应，首先需要考虑的是编码转变问题对其可
能的影响，但幸运的是，目前国际上并无相关研究结果表明自我伤害死亡编码从
ICD-9 向 ICD-10 转变后，其死亡率趋势受到编码变化的实质性影响。从中国男性
和女性自我伤害死亡率的时期相对危险度结果（见图 3-42）来看，男性与女性自
我伤害死亡风险的时期相对危险度均在研究期间内一直呈现出下降趋势。其中，
与 1990 年相比，男性与女性在 2015 年自我伤害死亡风险的时期相对危险度分别
降低了 54.38% 和 72.25%。对于自我伤害死亡的时期效应，根据现有的自杀相关
研究来看，最可能同时影响所有年龄组的某些年份的自我伤害死亡率的因素是经
济条件（economy conditions）。中国经济自 20 世纪 80 年代以来出现了惊人的迅速
增长，但与之相对应的却是中国人群在此期间自我伤害死亡风险的时期相对危险
度不断下降，这意味着中国自杀率并不像多数国家那样随着经济水平的提高而上
升。目前对于中国自杀率与经济增长的这种负相关关系的一种较为合理的解释
是，更高的人均收入和更好的生活水平可以消除许多与贫困和家庭关系相关的可
能冲突，而这些冲突被认为是人群自杀的重要原因，尤其对于农村地区的人群而
言。另一个可能影响自我伤害死亡风险的时期相对危险度的重要因素是城市化。
根据中国国家统计局公布的资料，居住在城市地区的居民比例从 1990 年的 26%
急剧增加到 2010 年的 50% 和 2015 年的 56%①。一方面，快速的城市化可以提高
自杀的抢救成功率。这是因为更多的人现在能更好地获得优质医疗和急救服务
（这些服务通常集中在城市地区），而以往的许多自我伤害死亡案例与过去不当
或不及时的医疗救治有关。另一方面，快速的城市化导致家庭中高毒性农药产品
的可及性降低。这是因为农药主要用于农村地区的农业活动，其在城镇地区要少
见得多。此外，近几十年来，中国大多数致命杀虫剂和杀鼠剂被法律禁止农业或

---

① 中华人民共和国国家统计局. 中国统计年鉴[M]. 北京：中国统计出版社，2008.

其他用途,这也极可能是导致中国人群自我伤害死亡风险的时期相对危险度下降的重要因素,因为在中国,服用杀虫剂或杀鼠剂是最常见的自杀手段(占自杀死亡总数的一半以上)[1],而这其中很大一部分原因是杀虫剂或杀鼠剂过去在中国易于获取。

中国男性和女性自我伤害死亡率的队列相对危险度结果(见图3-43)表明,男性与女性自我伤害死亡风险的队列相对危险度均呈现出下降趋势。其中,男性1911—1915年的出生队列和2011—2015年的出生队列的相对危险度分别是参照组(1961—1965年的出生队列)的2.78倍和0.12倍;女性1911—1915年的出生队列和2011—2015年的出生队列的相对危险度分别是参照组(1961—1965年的出生队列)的5.59倍和0.05倍。与1911—1915年的出生队列相比,男性与女性在2011—2015年的出生队列溺水死亡风险的队列相对危险度分别降低了95.57%和99.03%。自我伤害死亡风险的队列相对危险度持续下降的这一结果在某种程度上是令人惊讶的,这是因为这些下降表明中国较年轻的出生队列自我伤害死亡风险相比于较年长的出生队列在减少,但是大多数关于自杀的已知和可疑危险因素的趋势都显示自我伤害在连续出生队列的死亡风险应该呈现增长趋势。总体来说,自我伤害的危险因素主要包括:精神障碍(特别是抑郁症和精神分裂症),伴随行为(转向更致命或更不致命的手段,酒精和/或非法药物滥用)和社会文化背景(社会凝聚力的不同,某些心理因素)。显然,上述这些危险因素只可能导致我国人群自我伤害在连续出生队列的死亡风险升高,而不是降低。尽管目前对于致使中国自我伤害死亡的队列相对危险度下降的因素仍然不甚明了,但笔者认为,卫生保健方面(特别是对于精神疾患和药物滥用的治疗及其可达性)的改善,教育水平的普遍提高,以及公众对于自杀的认识普遍有所提升等,均在其中扮演了一定角色。例如,更好的教育可以提高人们处理问题的能力、解决冲突的能力

---

① Yang G H, Phillips M R, Zhou M G, et al. Understanding the unique characteristics of suicide in China: National psychological autopsy study[J]. 生物医学与环境科学, 2005, 18(6): 379-389.

He Z, Lester D. Methods for suicide in mainland China[J]. Death Studies, 1998, 22(6): 571-579.

Wu K C, Chen Y Y, Yip P S. Suicide methods in Asia: Implications in suicide prevention[J]. International Journal of Environmental Research & Public Health, 2012, 9(4): 1135.

以及控制争端的能力，而这几种能力都被认为是避免自杀的保护因素；更多关于自杀的知识和认识则可以使人们更大概率地向家人、朋友或专家寻求咨询和帮助，而这些帮助均可以有效降低其自杀风险。

## 4.2.4　跌落死亡变化趋势及趋势定量分析模型

1990—2015 年间，中国总人群、男性和女性的跌落标化死亡率在此期间均大体呈现先下降后上升，而后再下降的趋势，总体来看，总人群和女性的跌落标化死亡率在整个研究期间略有下降，而男性的跌落标化死亡率在整个研究期间几乎没有改变。具体来看，中国人群跌落标化死亡率由 1990 年的 8.86/10 万下降至 2001 年的 7.11/10 万，然后上升至 2007 年的 9.33/10 万，而后再下降至 2015 年的 8.38/10 万；中国男性跌落标化死亡率由 1990 年的 10.81/10 万下降至 2001 年的 8.98/10 万，然后上升至 2010 年的 11.61/10 万，而后再下降至 2015 年的 10.81/10 万；中国女性跌落标化死亡率由 1990 年的 6.64/10 万下降至 2001 年的 5.11/10 万，然后上升至 2007 年的 7.06/10 万，而后再下降至 2015 年的 5.84/10 万。联结回归模型分析将 1990—2015 年间的中国总人群、男性和女性的跌落标化死亡率变化都划分为 5 个区间。其中，总人群跌落标化死亡率在 1992—2001 年和 2009—2015 年间呈现显著性下降趋势（分别为 -2.6% 和 -1.8%），在 2001—2005 年均呈现出显著性上升趋势（7.0%）；男性跌落标化死亡率在 1993—2001 年和 2010—2015 年间呈现显著性下降趋势（分别为 -2.4% 和 -1.5%），在 2001—2005 年均呈现出显著性上升趋势（5.7%）；女性跌落标化死亡率除了在 1990—1998 年和 2008—2015 年间呈现显著性下降趋势（分别为 -3.1% 和 -2.6%），在 2001—2005 年均呈现出显著性上升趋势（8.3%）。年龄-时期-队列模型研究结果表明，1990—2015 年间，中国男性跌落死亡率净偏移为 -0.517%/每年（95%CI：-0.676%/每年至 -0.358%/每年），女性为 -1.562%/每年（95%CI：-1.913%/每年至 -1.210%/每年），并且男性 40 岁以前的年龄组和女性每个年龄组的局部偏移值都低于 0，而男性 40 岁以后的年龄组则高于 0。

年龄被公认为是跌落的危险因素之一。根据前述纵向年龄曲线的结果（如图 3-45 所示）可以得知，在控制队列效应并调整时期效应后，中国男性和女性的跌落死亡风险均随年龄的增长先下降至最低点（男性为 10~14 岁处，女性为 15~19

岁处),而后逐步上升,并且均后来在其老年阶段(60~79岁)上升迅速。也就是说,在0~14岁阶段,中国男性和女性的跌落死亡风险最大的阶段均为0~4岁阶段,并且其跌落死亡风险在其后的5~9岁和10~14岁阶段依次降低。这可能主要与较小年龄的儿童其运动平衡能力、危险反应能力以及应急感知能力等相对于年长儿童要弱有关;此外,幼儿的头颅发育尚不完全以及他们好奇心更强、在活动过程中重心点相对较高等因素也可能是其跌落死亡风险高的重要原因。儿童整体作为高危人群,其直接因素主要是由于儿童的身体处在发育阶段,其对于周围环境充满着天生的好奇,而监护人又对其缺乏足够的看护所致。相关研究表明,我国少年儿童阶段(0~14岁)意外跌落死亡者的跌落主要发生在不同平面间;而许多儿童跌落伤害是可以通过简单的安全措施、使用保护性器械或避免使用特定器械而加以预防的。许多发达国家都早已针对儿童跌倒预防进行了调查和研究,其部分研究成果已被转化为实践,并且在经过评估后取得了不错的效果(例如美国纽约市卫生局所开展的"儿童不能飞"(Children Can't Fly)项目)。目前,我国关于儿童跌落的流行病学研究较少,且鲜有针对其开展的预防项目,笔者认为,在逐步开展有关流行病学调查的同时,应同时积极吸取国外已有的有效经验措施,如为住在高层公寓且有儿童的家庭免费安装的窗口护栏等。

我国男性在15~59岁生命阶段,女性在20~59岁生命阶段,其跌落死亡风险均随年龄增加而逐步增大,并在60岁以后迅速增高。这表明,同其他国家类似,我国老年人的跌落死亡风险最大,且风险随年龄增加而增大。这些老年阶段(60岁以上或65岁以上)意外跌落死亡者的跌落主要发生在同一平面间。现有的相关研究对老年人跌落死亡的危险因素研究得较为充分,一般认为,老年人跌落死亡的高风险水平主要与其身体状况、心理因素、疾病状况、药物因素以及其行为和所处的周围环境等有关。具体而言,与跌落死亡风险相关的生理变化包括视力受损、认知恶化、力量下降、骨质疏松、平衡失调、步态障碍以及柔韧性的丧失;心理因素包括高估自己能力的"自大"心理,低估危险性的"轻敌"心理,以及一些由于病痛、经济压力或是睡眠质量不佳等因素产生的不良情绪;疾病因素包括神经性疾病、心脑血管疾病、致残性疾病、感知功能障碍、精神疾病和一些慢性病;药物因素包括抗抑郁药、抗癫痫药、抗胆碱能药、催眠药和镇静药、心血管药物、降血糖药、利尿剂、肌肉松弛剂等;行为环境因素包括环境清洁、照明条件、床身高度、厕所扶手、滑溜和不平整的表面、是否使用助行工具、是否好酒、独居和参与社会活动程度等。可以看出，除疾病、生理等不易改变的因素外，环境、药物、心理因素是可改变的。这提示减少跌倒重在预防，需要老年人自身、家庭以及社会的密切协作。国外有研究认为①，运动计划、康复治疗、药物管理以及维生素 D 缺乏症的治疗是针对预防老年人跌落伤害最有效的单一干预措施；对于其他常见的老年性综合征，如认知损伤，失禁或抑郁症患者，则应考虑转诊至老年病医生医治，以降低风险。

对于跌落死亡风险的时期效应，首先需要考虑的是编码转变问题对其可能的影响。本研究的研究时间跨度较长(自 1990 年至 2015 年)，其间中国使用的疾病编码完成了从 ICD-9 向 ICD-10 的过渡。原国家卫生部要求我国所有医院自 2002 年起采用 ICD-10 对住院病人的信息进行编码；我国县及县以上医院从 2003 年起普遍开展了 ICD-10 编码工作。而根据前述结果(如图 3-46 所示)，中国男性与女性跌落死亡的时期相对危险度在 2001—2005 年阶段及 2006—2010 年阶段升高。目前，我国尚无相关研究探讨跌落死亡的编码转变对死亡数的影响。但根据国外已有研究报道②，跌落死亡人数在开展 ICD-10 后可能会下降 16%(可比性比率为 0.8409)，而这部分下降与 ICD-10 中对待未指明骨折的转变有关；未指明骨折在 ICD-10 中被编码为"意外暴露于未特指因素"(X59)从属于意外伤害，而非在 ICD-9 中那样被编码为"原因不明骨折"(E887)从属在意外跌落里。所以，我国跌落死亡的时期相对危险度在 2001—2005 年及 2006—2010 年阶段的升高应该不能归因于 ICD-9 到 ICD10 的编码转变。

而死因编码填报质量的改善则很可能是我国跌落死亡的时期相对危险度上升的原因之一。在损伤和中毒的病例中，疾病诊断编码通常强调要将损伤和中毒的临床表现作为主要诊断进行疾病编码，而损伤和中毒的外部原因作为附加编码，以说明当时原因和状态；死因编码则应将临床表现作为直接死因，而损伤和中毒

---

① Moylan K C, Binder E F. Falls in older adults: Risk assessment, management and prevention[J]. American Journal of Medicine, 2007, 120(6): 491-493.

② Anderson R N, Miniño A M, Hoyert D L, et al. Comparability of cause of death between ICD-9 and ICD-10: Preliminary estimates[J]. National Vital Statistics Reports: From the Centers for Disease Control and Prevention, National Center for Health Statistics, National Vital Statistics System, 2001, 49(2): 1-32.

的外部原因作为根本死因。但这往往不易实现。例如，某人遭受过诸如肋骨骨折等较轻跌落伤害后，很可能数周或者数月后罹患肺炎或其他并发症而死亡，但负责填报死因的人员却可能忽视跌落，而将其根本死因填写为肺炎或其他临终病患。G. Hu 和 S. Baker(2012)在一项针对美国跌落死亡的亚组分析研究中指出①，由于跌落患者的急诊室入诊率和住院率仅有少量并不显著的增加，"其他同平面跌落"(w18)死亡率近 7 倍的增长表明，死因填报质量的改善对于研究期间跌落死亡率的上升起到了关键作用。所以，在我国过去死因编码填报质量不佳时，跌落死亡的情况很可能被低估，而随着死因编码填报质量的逐步改善，原本被低估的跌落死亡情况会逐步"释放"而产生死亡率上升的趋势。故笔者认为，我国跌落死亡的时期相对危险度在这一时期内的上升也因此有着部分"人为"(artefact)的性质。

除此之外，其他可能会影响我国跌落死亡时期相对危险度升高的因素也应纳入考虑范畴。虽然目前国内相关研究几近空白，但根据现有资料，笔者推测以下三方面因素也可能起到了一部分作用：首先，中国人群慢性病患病率的升高以及生存率的延长会导致跌落死亡风险增加，尤其是中老年人群。其次，慢性病伴随而来的用药增多同样会导致跌落死亡风险增加，有证据表明，同时服用四种或更多的药物(不论种类)时，会使人的认知损害风险提高 9 倍并产生跌倒恐惧感(fear of falling)。最后，快速城镇化时期环境发生改变，人们的生活和居住环境(如楼层变高、路面变硬等)更加易于发生跌落，这也可能导致跌落死亡风险的时期相对危险度升高。而中国人群跌落死亡的时期相对危险度在 2000 年以前和 2005 年(女性)/2010 年(男性)后下降的原因可能与医疗救治水平的提高有关。由于跌落者在跌落后很多情况下并不是当场死亡，所以抓住黄金抢救期对跌落者进行及时救助，这在很大程度上关系到伤病者的生死与否。我国在县级以上城市的城区均建立了各种规模的 120 急救中心，这缩短了跌落者从事发到接受救治的时间("黄金 1 小时"的抢救时间)，从而提高了跌落者的抢救成功率。此外，在研究期间，我国医疗机构对诸如计算机断层扫描(CT)和核磁共振成像(MRI)技术等新的诊断工具的引入和普及，医院急诊科对创伤患者标准化救治方案

---

① Hu G, Baker S P. An explanation for the recent increase in the fall death rate among older Americans: A subgroup analysis[J]. Public Health Rep, 2012, 127(3): 275-281.

(Standardized Protocols)的引入和推广，以及治疗技术(如骨折治疗技术、接骨材料的应用)和治疗条件(如 ICU 重症监护病房)的改善等，这些因素均能提升跌落者的存活率，从而为中国人群跌落死亡时期相对危险度的降低提供了积极的影响作用。

中国男性和女性跌落死亡率的队列相对危险度结果(见图 3-47)表明，整体来看，男性跌落死亡风险的队列相对危险度呈先上升后下降的趋势，而女性跌落死亡风险的队列相对危险度则一直呈现下降的趋势。其中，以 1961—1965 年的出生队列为参考组，男性的相对危险度由 1911—1915 年出生队列的 0.77 倍升高至 1966—1970 年出生队列的 1.03 倍然后又降至 2011—2015 年出生队列的 0.44 倍；女性的相对危险度由 1911—1915 年出生队列的 1.36 倍不断下降至 2011—2015 年出生队列的 0.24 倍。与 1911—1915 年的出生队列相比，男性与女性在 2011—2015 年的出生队列跌落死亡风险的队列相对危险度均分别降低了 42.63% 和 82.63%。但需要注意的是，由于男性和女性 1911—1915 年至 1941—1945 年出生队列的相对危险度置信区间较大，尚不能认为该区间内其相对危险度变化明显。那么，与女性相比，中国男性出生队列跌落死亡风险的不同之处主要在于，其在 1941—1945 年至 1966—1970 年的出生队列升高。虽然男性出生队列跌落死亡风险在 1966—1970 年以后的出生队列开始降低，但整体来看，相对于其他出生队列，男性出生队列跌落死亡风险在 1966—1970 年前后出生的几个队列的相对危险度最高。笔者推断，这一现象很可能与男性群体所从事的职业有关。这是因为成年人发生的跌落可以分为职业性和非职业性两种，而在职业性跌落中以建筑行业工人为主体，其次为制造业、运输业、贮藏业的工人①。在我国，上述所有的这些行业工人基本上都是由男性来从事的。中国过去的三十年是建筑行业、制造业、运输业、贮藏业等行业的高速发展时期，而根据适宜的劳动年龄人口估算，在这段时期内这些行业工人的主体基本就是 1966—1970 年前后出生的几个男性队列，故我国男性的这几个出生队列跌落死亡风险的相对危险度最高。

中国男性和女性跌落死亡率的队列相对危险度在较年轻的出生队列中呈现的下降趋势可能与其更高的身体质量指数(Body Mass Index，BMI)和拥有更好的教

---

① 于洋. 医院五年间致死性跌落伤的流行病学特征分析[D]. 沈阳：中国医科大学，2002.

育背景等因素有关。有证据表明，低 BMI 是跌落发生的重要危险因素之一，这是因为低 BMI 和低骨矿物质密度以及高跌落骨折风险相关联①。而相关研究表明，我国较年轻的出生队列与较年长的出生队列相比，具有更高的 BMI②。此外，较低的教育背景也被认为是跌落发生的危险因素之一，这是由于跌落很大程度上是可以预防的，拥有较高的教育背景的人在接收同样信息的相关安全教育后，更可能有效地预防跌落伤害。而相关资料显示，中华人民共和国成立后，得益于扫盲工作的大力推进以及基础教育工作的积极发展，20 世纪五六十年代出生的人口队列的教育文化程度较之新中国成立前的出生队列有着很大的改观；而改革开放后，义务教育的普及和高等教育的扩招又使 20 世纪七八十年代及之后出生的人口队列的教育文化程度较之以前的出生队列跨上了一个台阶。故可以认为，总体来看我国较年轻的出生队列与较年长的出生队列相比具有更高的教育背景，从而有着更低的跌落死亡风险。

## 4.2.5 溺水死亡变化趋势及趋势定量分析模型

1990—2015 年间，中国总人群、男性和女性的溺水标化死亡率均呈现下降的趋势。总体来看，中国人群溺水标化死亡率由 1990 年的 16.29/10 万下降至 2015 年的 5.08/10 万，降幅为 68.82%；中国男性溺水标化死亡率由 1990 年的 21.21/10 万下降至 2015 年的 6.83/10 万，降幅为 67.80%；中国女性溺水标化死亡率由 1990 年的 11.08/10 万下降至 2015 年的 3.15/10 万，降幅为 71.57%。我国女性溺水标化死亡率的降幅略大于男性。联结回归模型分析将 1990—2015 年间的中国总人群、男性和女性的溺水标化死亡率变化分别划分为 3 个、5 个和 4 个区间。其中，总人群溺水标化死亡率在所有区间内的均呈现出显著性下降趋势；男性溺水标化死亡率除了在 1994—1997 年间的降低趋势并不显著外，在其他所有区间内的均呈现显著性下降趋势；女性溺水标化死亡率除了在 1999—2002 年间的降低趋势并不显著外，在其他所有区间内的均呈现显著性下降趋势。年

① Yoshida S. A global report on falls prevention：Epidemiology of falls［J］. World Health Organisation，2007.

② Jaacks L M，Gordon-Larsen P，Mayer-Davis E J，et al. Age，period and cohort effects on adult body mass index and overweight from 1991 to 2009 in China：The China Health and Nutrition Survey［J］. International Journal of Epidemiology，2013，42（3）：828-837.

龄-时期-队列模型研究结果表明,1990—2015 年间,中国男性溺水死亡率净偏移为−3.100%/每年(95%CI: −3.368%/每年至−2.832%/每年),女性为−3.164%/每年(95%CI: −4.509%/每年至−3.818%/每年),并且在所有年龄组中,男性和女性的每个年龄组的局部偏移值都低于 0。

虽然溺水可能发生在各年龄段人群,但年龄是溺水死亡的最主要危险因素之一。根据中国溺水死亡率的纵向年龄曲线结果(见图 3-49)可知,在调整时期效应后,同一出生队列的男性和女性溺水死亡风险随着年龄呈现出先迅速降低,而后下降变缓,最后缓慢升高的趋势。其中,死亡风险快速下降的阶段为 0~19 岁阶段。具体而言,在 0~19 岁阶段,我国男性和女性溺水死亡风险最大的均为 0~4 岁阶段,并且其溺水死亡风险在其后的 5~9 岁、10~14 岁和 15~19 岁阶段依次降低。如以死亡风险最低的 55~59 岁阶段作为参照计算相对危险度,我国男性 0~4 岁阶段、5~9 岁、10~14 岁和 15~19 岁阶段的溺水死亡风险与之相比的依次为 39.1 倍、26.6 倍、17.3 倍和 7.5 倍;我国女性 0~4 岁阶段、5~9 岁、10~14 岁和 15~19 岁阶段的溺水死亡风险与之相比的依次为 82.1 倍、30.0 倍、17.2 倍和 5.6 倍。由此可以看出,在调整时期效应后,同一出生队列里 0~19 岁阶段的中国男性和女性溺水死亡风险均极高,这一结果与国际上目前对于溺水死亡年龄高峰的认识基本一致。其中,主要的原因可能与年轻人尤其是少年儿童的自身特征和对其监管的缺失有关。少年儿童好奇心强并且好动,其活动频率高、范围广,加上自身缺乏安全意识,其协调平衡能力(儿童)、危险反应能力以及应急感知能力较差,因此当其在水边活动、洗/捡东西、嬉戏或者游泳时,若无成年人监管,则易出现失足落水致死或戏水意外溺亡等现象。有效的成年人监管不仅在事发前能极大程度避免意外,而且能在意外发生后的紧急施救和送医救治等降低溺水死亡风险过程中扮演重要角色。

本研究结果还显示,中国男性和女性在 20~79 岁生命阶段中,溺水死亡风险先随年龄的增加(20~59 岁阶段)持续降低(速度比 0~19 岁阶段慢),而后随年龄的增加(59~79 岁阶段)缓慢升高。笔者认为,产生溺水死亡风险重新回升这一变化趋势的原因主要与老年人身体机能变差以及退休后活动时间增多有关。有研究表明,行动不便、头昏眼花以及其罹患的疾病(如阿尔茨海默病、心脏病、癫痫等)通常是引起老年人的溺亡的重要起因。而老年人退休后活动时间增多,则会使其发生溺水的机会也增多，从而加大了溺水的死亡风险。但需要指出的是，WHO 提供的有关数据显示溺水死亡率与年龄呈现出先降低后升高的"U"形趋势，也就是说，除了少年儿童外，老年人也是溺水死亡情况的高危人群；我国已有的相关研究也表明，少年儿童和老年人的溺水死亡率都很高，均是高危群体。但这并不能表明同一出生队列的人群里，其老年阶段和少年儿童阶段溺水死亡风险均很高；相反，根据中国溺水死亡率的纵向年龄曲线结果，在控制队列效应并调整时期效应后，我国男性和女性老年阶段（60~79 岁）的溺水死亡风险远远低于青少年阶段（0~19 岁）。

对于溺水死亡风险的时期效应，首先需要考虑的是编码转变问题对其可能的影响，但幸运的是，目前国际上并无相关研究结果表明溺水死亡编码从 ICD-9 向 ICD-10 转变后，其死亡率趋势受到编码变化的实质性影响。从中国男性和女性溺水死亡率的时期相对危险度结果（见图 3-50）来看，男性与女性溺水死亡风险的时期相对危险度均在研究期间内一直呈现出下降趋势。其中，与 1990 年相比，男性与女性在 2015 年溺水死亡风险的时期相对危险度均下降超过 50%（分别降低了 54.63% 和 65.43%）。在可能影响我国男性和女性溺水死亡率时期效应的因素中，我国近几十年以来快速的城镇化进程可能是最为重要的一个。有关资料表明①，我国城镇化率从 1990 年的 26.4% 上升到 2015 年的 56.1%。这意味着在此期间我国城镇常住人口占我国常住总人口的比例由 26.4% 升至 56.1%，大量非城镇人口在近几十年间向城镇地区完成了转移。综合现有文献，城镇化主要通过以下四个方面影响人们溺水的死亡风险。首先，城镇化进程会降低人们对自然水域（野塘、溪流、河川、水库、湖泊等）和农用水源（养殖水源、灌溉水源）的接触机会，而接近水域是溺水发生的一个重要危险因素（尤其对于农村地区而言），接近农用水源是儿童溺水事件发生的重要原因。其次，城镇化过程改变了人们的活动范围和娱乐方式，人们的主要活动范围从室外活动转向室内活动，而活动方式则变得更为多样化。即使一部分人依旧乐衷于游泳，在室内场馆游泳也相对自然水域要安全得多。再次，城镇地区的自然环境通常比农村地区要差，其水质由于污染的原因常常并不适合人们进行游泳或相关活动。故城镇化进程除了能够客观上通过减少人们对自然水域的接触外，不少城市地区即使也存在自然水域，但

---

① 中华人民共和国国家统计局. 中国统计年鉴[M]. 北京：中国统计出版社，2008.

由城镇化伴随而来的水污染的比例也很高，从而同样限制了人们对这些自然水域的直接接触（即使有些讽刺意味）。最后，人们防治溺亡所需要的信念、技能和知识等重要因素在城市背景下的人群中会比在农村背景下在人群中更为有效地进行传播。结合上述四个方面，笔者认为，城镇化进程对降低我国溺水死亡风险的时期相对危险度起到了积极作用。

饮酒被 WHO 认定为溺水死亡的一个重要危险因素。由于我国的人均酒精消费量呈现逐年上升趋势，饮酒也可能是影响溺水死亡风险时期效应的因素之一，并且具体体现在负面影响上。据国外有关估计，青少年及成人水上娱乐活动的溺死中，有 25%~50% 均与饮酒有关[1]，近 1/3 的成人溺亡受害者的血液酒精浓度超过 100mg/dl[2]；此外，不少研究表明，父母或监护人的饮酒也被认为是发生孩童溺亡事件的一个重要危险因素。但遗憾的是，我国学界对于这一认识目前较为缺乏。虽然通过各大中文网络搜索引擎检索"溺水 & 饮酒"，会发现大量新闻均报道了不少溺亡事件的发生被认为与饮酒有关，但是目前在我国关于溺水与饮酒的研究方面，除了偶有研究涉及监护人饮酒与孩童溺水的关系外，几近空白，而这很可能与我国法医对溺亡者的例行检查中没有检测其血液酒精含量有关。饮酒是否为我国溺水死亡的一个重要危险因素，有待今后进一步研究。

中国男性和女性溺水死亡率的队列相对危险度结果（见图 3-51）表明，男性与女性溺水死亡风险的队列相对危险度均呈现出下降趋势。其中，男性 1911—1915 年的出生队列和 2011—2015 年的出生队列的相对危险度分别是参照组（1961—1965 年的出生队列）的 2.62 倍和 0.08 倍；女性 1911—1915 年的出生队列和 2011—2015 年的出生队列的相对危险度分别是参照组（1961—1965 年的出生队列）的 4.05 倍和 0.05 倍。与 1911—1915 年的出生队列相比，男性与女性在 2011—2015 年的出生队列溺水死亡风险的队列相对危险度分别降低了 97.02% 和 98.81%。结合国内外现有的相关研究，笔者认为，中国男性和女性溺水死亡率的队列相对危险度的下降趋势主要由以下两个因素有关。首先，依旧是城镇化因素。根据前文论述可知，城镇化因素通过多个方面来影响人们溺水的死亡风险。

① Howland J, Hingson R. Alcohol as a risk factor for drownings: A review of the literature (1950—1985)[J]. Accident Analysis & Prevention, 1988, 20(1): 19-25.

② Smith G S, Branas C C, Miller T R. Fatal nontraffic injuries involving alcohol: A metaanalysis[J]. Annals of Emergency Medicine, 1999, 33(6): 659-668.

但有针对城镇化与不同年龄组溺水风险的有关研究结果表明，相对于其他群体，城镇化对降低青少年、儿童群体溺水风险的积极作用要更为显著。这可能是与青少年、儿童群体在他们更早的人生阶段经历了城镇化过程，从而更好地学习如何避免溺水的发生有关。故对于中国男性和女性溺水死亡率而言，城镇化因素不仅对其有着时期效应方面的影响作用，而且还具有队列效应方面的影响作用。教育背景因素是影响中国男性和女性溺水死亡率的队列相对危险度下降的另一个因素。相关资料显示，中华人民共和国成立后，得益于扫盲工作的大力推进以及基础教育工作的积极发展，20世纪五六十年代出生的人口队列的教育文化程度较之新中国成立前的出生队列有着很大的改观；而改革开放后，义务教育的普及和高等教育的扩招又使20世纪七八十年代及之后出生的人口队列的教育文化程度较以前的出生队列跨上了一个台阶。而教育背景通常被认为是溺水溺亡事件的保护因素。有研究表明，有着更好教育背景的人通常会更多地采取预防保护措施，如接受游泳和水上安全训练，或在安全水域进行水上活动等；并且，倘若孩子的母亲仅接受过初等教育，则其孩子遭受溺水的风险程度相对于拥有更高教育背景母亲的孩子，会显著性增加。故连续出生队列教育文化程度的提高对于我国溺水死亡风险很可能具有队列效应方面的保护作用。

# 第5章　总结与展望

## 5.1　本研究的主要结论

（1）2015年中国人群总伤害标化死亡率低于世界平均水平，其总伤害死亡水平已介于世界银行中等偏上收入国家和高收入国家之间。男性伤害死亡状况与女性相比较为严重，男性和女性的伤害死亡率总体来看均随着年龄组的增高而呈上升趋势，但男性和女性伤害死亡占总死因构成比在不同年龄组间差异较大。5~24岁年龄段伤害死亡占总死因构成比值最大（占一半左右），伤害是造成我国人群早死和劳动力损失的重要因素。道路交通伤害、自我伤害、跌落和溺水是我国最主要的四种伤害类型。

（2）应用联结点回归模型对研究期间进行分段划分，能够有效识别不同区段内死亡率趋势中上升或下降的趋势是否具有统计学意义，从而避免研究者在主观上对趋势进行判断。年龄-时期-队列模型作为一种能够同时对年龄效应、时期效应和队列效应进行研究，试图分解影响某社会现象的各种因素，寻找作用根源的统计方法，它能在联结点回归模型有效描述趋势是否显著的基础上，进一步分析这些趋势背后所蕴含的可能因素。而可估计函数法克服了传统参数估计算法的不足，能够避免年龄-时期-队列模型存在的"不可识别问题"。

（3）在控制队列效应并调整时期效应后，中国男性和女性的总伤害死亡风险在其生命阶段均先由0~4岁的最高点降低至最低点，随后回升至20~24岁，之后又逐渐降低至50~54岁，最后又在老年阶段不断升高。其中，我国人群道路交通伤害死亡和跌落死亡的最大风险均集中在70岁以上的老年阶段，自我伤害死亡的最大风险均集中在20~24岁前后的阶段，溺水死亡的最大风险集中在15

岁以下的少年儿童阶段。年龄是伤害死亡的重要危险因素，可根据不同年龄阶段伤害死亡的风险不同，对其采取相应的干预措施。

（4）在 1990—2015 年间，男性与女性总伤害死亡风险的时期相对危险度的改变是所有伤害类型死亡风险时期效应的综合体现。虽然某些伤害类型死亡风险的时期相对危险度在部分时期内有所上升，但总体来看，我国人群伤害死亡风险随着时期的推移总体呈降低趋势。我国道路交通伤害死亡风险时期效应的变化与 ICD 编码的转变、经济发展和机动车数量增加、公众交通安全意识行为和出行方式的转变、相关法律法规的出台以及监管措施的加强等因素有关；自我伤害死亡风险时期效应的变化与经济条件的改善、快速城镇化进程、法律对于致命杀虫剂和杀鼠剂的禁用等因素有关；跌落死亡风险时期效应的变化与死因编码填报质量的改善、慢性病患病率升高和生存率延长、服用各种药物增多、生活和居住环境改变、医疗诊断和救治水平的提高等因素有关；自我溺水死亡风险时期效应的变化主要与快速城镇化进程和人均酒精消费量逐年上升等因素有关。

（5）在 1911—1915 年至 2011—2015 年间的出生队列里，男性与女性总伤害死亡风险的队列相对危险度的改变是所有伤害类型死亡风险队列效应的综合体现。男性 1941—1945 年到 1966—1970 年的出生队列的总伤害死亡风险的相对危险度持平的原因在于这几个队列某些伤害类型（如道路交通伤害和跌落）死亡率的队列相对危险度呈上升趋势，抵消了其他伤害类型（如自我伤害和溺水）死亡率的队列相对危险度的下降趋势。我国道路交通伤害死亡风险队列效应的变化与代际间安全意识和交通行为习惯的不同以及男性农民工群体等因素有关；自我伤害死亡风险队列效应的变化与代际间所享有的卫生保健改善、教育水平提高、公众意识增强等因素有关；跌落死亡风险队列效应的变化与代际间 BMI 升高、教育背景变好和职业性跌落以适宜劳动年龄男性为主等因素有关；自我溺水死亡风险队列效应的变化主要与代际间在其人生更早阶段经历城镇化和拥有更好教育条件等因素有关。

## 5.2  本研究的创新之处

（1）在全面探讨国内外常用年龄-时期-队列模型参数估计算法的特点与不足

的基础上，首次系统研究并整合了年龄-时期-队列模型的可估计函数法（Estimable Functions Approach）理论体系，为今后国内年龄-时期-队列模型研究提供了方法学参考。

（2）率先将年龄-时期-队列模型应用到中国伤害流行病学领域，首次应用年龄-时期-队列模型全面分析了中国人群伤害死亡率及四种主要伤害类型（道路交通伤害、自我伤害、跌落、溺水）死亡率的变化趋势，研究其年龄效应、时期效应和队列效应以及相应的影响因素，为进一步开展伤害病因分析的流行病学研究提供了线索和方向。

（3）利用全球疾病负担研究的最新死亡数据，首次应用联结点回归模型对中国人群伤害死亡率及上述四种主要伤害类型死亡率的长期变化趋势进行了分段划分，有效识别不同区段内具有统计学意义的变化趋势，避免了一般伤害流行病研究中在对趋势进行简单描述时的主观判断。

## 5.3　不足与展望

### 5.3.1　不足之处

（1）我国尚没有像发达国家那样能覆盖全人口的死亡监测体系。尽管全球疾病负担研究者采取了一系列步骤、措施来处理和校正全球健康数据交换数据库中数据的不完整、漏报和错误分类等问题以提高数据质量和可比性，本研究所用数据在一定程度上可能仍然会受到数据质量问题的影响，但与直接使用原始数据相比其影响已相对较小。

（2）由于全球健康数据交换数据库中目前仅有中国国家级层面数据，亚国家级（省、直辖市和自治区级）层面的数据暂未开放，无法将我国伤害死亡率的空间分布变化和时间趋势变化结合起来研究。

（3）与其他年龄-时期-效应分析一样，本研究在某种程度上不可避免地受到生态学谬误（ecological fallacy）的影响，这意味着对个体"集合"水平结果的解释不一定适用于个体，本研究中年龄-时期-队列分析的所有推断仍需要在将来基于个体的研究中进一步确认。

## 5.3.2 未来研究展望

（1）目前，年龄-时期-队列模型在我国的主要应用领域是各类肿瘤的发病/死亡趋势研究。笔者在将其应用于中日韩美四国乳腺癌死亡趋势领域的基础上，已进一步成功尝试将该模型应用于我国脑卒中死亡趋势领域以及中美两国自杀死亡趋势领域的实证研究，未来可进一步扩展年龄-时期-队列模型在我国其他疾病领域乃至社会学相关领域的应用。

（2）未来在能获取中国省级乃至县市级伤害死亡数据的情况下，可应用全局及局部自相关（Moran's I）和高/低聚类（Getis-Ord G）等经典空间统计学分析手段研究伤害的空间聚集性，并在此基础上结合年龄-时期-效应模型构建时空数据模型，同时研究伤害随时间、空间变化的规律。

（3）加强我国伤害危险因素方面的研究，尤其是一些在国际上公认的却在我国尚不明确的危险因素（例如饮酒对于溺水死亡），开展队列研究和病例对照研究确定这类因素在我国与伤害之间是否存在统计学关联以及关联的强度，在有条件的地方可进行实验性研究，控制混杂因素验证伤害病因假说。

（4）所有有关伤害的研究最终目的都是预防和控制伤害，而国外相关经验表明，伤害防控的很多主要进步均依赖于流行病学家和其他各领域专家（包括行为学家、社会学家、犯罪学家、法学家、工程学家和生物力学家）的有效合作，我国未来的伤害研究领域有待开展更多的合作跨学科交叉课题研究。

# 缩　略　词

| 缩略词 | 英文 | 中文 |
|---|---|---|
| APC | Annual Percent Change | 年度变化百分比 |
| APC Model | Age-Period-Cohort Model | 年龄-时期-队列模型 |
| BLUE | Best, Linear, Unbiased Estimator | 最佳线性无偏估计量 |
| CCDC | Chinese Center for Disease Control and Prevention | 中国疾病预防控制中心 |
| CRR | Cohort Rate Ratios | 队列相对危险度 |
| DSP | Disease Surveillance Points | 全国疾病监测点系统 |
| GBD | Global Burden of Disease | 全球疾病负担研究 |
| GHDx | The Global Health Data Exchange | 全球健康数据交换数据库 |
| ICD | International Statistical Classification of Disease, Injuries and Cause of Death | 国际疾病伤害和死亡原因统计分类 |
| IHME | Institute for Health Metrics and Evaluation | 健康测量与评价研究中心 |
| JRM | Joinpoint Regression Model | 联结点回归模型 |
| LAC | Longitudinal Age Curve | 纵向年龄曲线 |
| MCSS | Maternal and Child Surveillance System | 孕产妇和儿童监测系统 |
| PRR | Period Rate Ratios | 时期相对危险度 |
| WHO | World Health Organization | 世界卫生组织 |

# 附　　录

表1 不同伤害类型所对应的 **ICD9** 和 **ICD10** 死因编码

| Cause of injury | ICD 9 | ICD 10 |
|---|---|---|
| Pedestrian road injuries | E811.7, E812.7, E813.7, E814.7, E815.7, E816.7, E817.7, E818.7, E819.7, E822.7, E823.7, E824.7, E825.7, E826.0, E827.0, E828.0, E829.0 | V01.0, V01.1, V01.2, V01.9, V02.5, V02.6, V02.7, V02.8, V02.9, V03.2, V03.3, V03.4, V03.5, V03.6, V03.7, V03.8, V03.9, V04.0, V04.1, V04.2, V04.3, V04.4, V04.5, V04.6, V06.0, V06.1, V06.2, V06.3, V06.4, V06.5, V06.6, V06.8, V06.9, V07.1, V07.2, V07.3, V07.4, V07.8, V07.9, V09.0, V09.1, V09.2, V09.3, V09.4, V09.5, V09.6, V09.7, V09.8 |
| Cyclist road injuries | E800.3, E801.3, E802.3, E803.3, E804.3, E805.3, E806.3, E807.3, E810.6, E811.6, E812.6, E813.6, E814.6, E815.6, E816.6, E817.6, E818.6, E819.6, E820.6, E821.6, E822.6, E823.6, E824.6, E825.6, E826.1 | V10.8, V11.2, V11.3, V11.4, V11.5, V11.8, V11.9, V12.4, V12.5, V13.0, V13.5, V13.6, V13.7, V14.1, V14.2, V14.3, V14.4, V14.5, V14.6, V14.7, V14.8, V14.9, V16.4, V16.5, V16.6, V16.7, V16.8, V16.9, V17.0, V17.5, V17.6, V18.0, V18.5, V18.6, V19.2, V19.4, V19.5, V19.6, V19.8, V19.9 |
| Motorcyclist road injuries | E810.2, E810.3, E811.2, E811.3, E812.2, E812.3, E813.2, E813.3, E814.2, E814.3, E815.2, E815.3, E816.2, E816.3, E817.2, E817.3, E818.2, E818.3, E819.2, E819.3, E820.2, E820.3, E821.2, E821.3, E822.2, E822.3, E823.2, E823.3, E824.2, E824.3, E825.2, E825.3 | V20.0, V20.1, V20.2, V20.3, V20.4, V20.5, V20.9, V21.0, V21.1, V21.8, V22.2, V22.3, V22.4, V22.5, V24.3, V24.4, V24.5, V24.9, V27.2, V27.7, V27.9, V28.0, V28.1, V28.2, V28.3, V28.4, V28.5, V28.6, V28.8, V28.9, V29.0, V29.4, V29.5, V29.6, V29.8, V29.9 |
| Motor vehicle road injuries | E810.0, E810.1, E811.0, E811.1, E812.0, E812.1, E813.0, E813.1, E814.0, E814.1, E815.0, E815.1, E816.0, E816.1, E817.0, E817.1, E818.0, E818.1, E819.0, E819.1, E820.0, E820.1, E821.0, E821.1, E822.0, E822.1, E823.0, E823.1, E824.0, E824.1, E825.0, E825.1 | V30.0, V30.1, V33.6, V35.0, V35.1, V35.2, V35.3, V35.4, V35.5, V35.6, V35.7, V35.9, V36.2, V36.5, V36.9, V37.1, V37.2, V37.3, V37.6, V37.7, V38.1, V38.2, V38.9, V39.0, V39.1, V39.2, V39.4, V39.5, V39.6, V39.8, V40.9, V41.0, V41.1, V41.5, V41.6, V41.7, V41.8, V41.9, V42.0, V42.1, V42.2, V42.3, V42.4, V42.5, V42.6, V42.7, V42.8, V42.9, V43.1, V43.2, V43.4, V43.5, V43.6, V43.9, V44.1, V44.2, V44.7, V44.8, V48.9, V49.0, V49.3, V49.5, V49.6, V49.8, V51.1, V52.2, V54.5, V58.3, V58.4, V58.5, V59.6, V60.7, V62.1, V62.6, V63.9, V64.1, V64.2, V65.7, V65.8, V65.9, V66.0, V66.1, V66.2, V66.3, V66.4, V66.5, V66.6, V66.7, V66.9, V67.4, V69.1, V69.6, V69.9, V71.0, V73.5, V73.9, V74.6, V74.7, V74.8, V75.3, V75.9, V76.6, V77.1, V77.7, V77.8, V87.2, V87.3 |
| Other road injuries | E810.4, E810.5, E811.4, E811.5, E812.4, E812.5, E813.4, E813.5, E814.4, E814.5, E815.4, E815.5, E816.4, E816.5, E817.4, E817.5, E818.4, E818.5, E819.4, E819.5, E820.4, E820.5, E821.4, E821.5, E822.4, E822.5, E823.4, E823.5, E824.4, E824.5, E825.4, E825.5, E826.3, E826.4, E827.3, E827.4, E828.4, E829.4 | V80.1, V80.2, V80.4, V80.6, V80.7, V80.8, V80.9, V82.0, V82.1, V82.2, V82.3, V82.4, V82.5, V82.6, V82.7, V82.8, V82.9 |

| Cause of injury | ICD 9 | ICD 10 |
|---|---|---|
| Other transport injuries | E800.0, E800.1, E800.2, E801.0, E801.1, E801.2, E802.0, E802.1, E802.2, E803.0, E803.1, E803.2, E804.0, E804.1, E804.2, E805.0, E805.1, E805.2, E806.0, E806.1, E806.2, E807.0, E807.1, E807.2, E810.7, E820.7, E821.7, E826.2, E827.2, E828.2, E830.0, E830.1, E830.2, E830.3, E830.4, E830.5, E830.6, E830.7, E830.8, E830.9, E831.0, E831.1, E831.2, E831.3, E831.4, E831.5, E831.6, E831.7, E831.8, E831.9, E832.0, E832.1, E832.2, E832.3, E832.4, E832.5, E832.6, E832.7, E832.8, E832.9, E833.0, E833.1, E833.2, E833.3, E833.4, E833.5, E833.6, E833.7, E833.8, E833.9, E834.0, E834.1, E834.2, E834.3, E834.4, E834.5, E834.6, E834.7, E834.8, E834.9, E835.0, E835.1, E835.2, E835.3, E835.4, E835.5, E835.6, E835.7, E835.8, E835.9, E836.0, E836.1, E836.2, E836.3, E836.4, E836.5, E836.6, E836.7, E836.8, E836.9, E837.0, E837.1, E837.2, E837.3, E837.4, E837.5, E837.6, E837.7, E837.8, E837.9, E838.0, E838.1, E838.2, E838.3, E838.4, E838.5, E838.6, E838.7, E838.8, E838.9, E840.0, E840.1, E840.2, E840.3, E840.4, E840.5, E840.6, E840.7, E840.8, E840.9, E841.0, E841.1, E841.2, E841.3, E841.4, E841.5, E841.6, E841.7, E841.8, E841.9, E842.6, E842.7, E842.8, E842.9, E843.0, E843.1, E843.2, E843.3, E843.4, E843.5, E843.6, E843.7, E843.8, E843.9, E844.0, E844.1, E844.2, E844.3, E844.4, E844.5, E844.6, E844.7, E844.8, E844.9, E845.0, E845.8, E845.9, E849.0, E849.1, E849.2, E849.3, E849.4, E849.5, E849.6, E849.7, E849.8, E849.9, E929.1 | V00.1, V00.2, V00.3, V00.8, V05.1, V05.2, V05.3, V05.4, V05.9, V81.0, V81.1, V81.2, V81.3, V81.4, V81.5, V81.6, V81.7, V81.8, V81.9, V83.0, V83.1, V83.2, V83.3, V83.4, V83.5, V83.6, V83.7, V83.8, V83.9, V84.0, V84.1, V84.2, V84.3, V84.4, V84.5, V84.6, V84.7, V84.8, V84.9, V85.0, V85.1, V85.2, V85.3, V85.4, V85.5, V85.6, V85.7, V85.9, V86.0, V86.1, V86.2, V86.3, V86.4, V86.5, V86.6, V86.7, V86.9, V88.2, V88.3, V90.0, V90.1, V90.3, V90.8, V91.0, V91.2, V91.3, V91.4, V91.5, V91.6, V91.8, V92.0, V92.1, V92.2, V92.7, V92.8, V93.0, V93.1, V93.2, V93.3, V93.4, V93.5, V93.6, V93.7, V93.8, V93.9, V94.0, V94.1, V94.2, V94.3, V94.7, V94.8, V94.9, V95.0, V95.1, V95.2, V95.3, V95.4, V95.8, V95.9, V96.0, V96.1, V96.2, V96.8, V96.9, V97.0, V97.1, V97.2, V97.3, V97.8, V98.0, V98.1, V98.2, V98.3, V98.8 |
| Falls | E880.0, E880.1, E880.9, E881.0, E881.1, E882.0, E883.0, E883.1, E883.2, E883.9, E884.0, E884.1, E884.2, E884.3, E884.4, E884.5, E884.6, E884.9, E885.0, E885.1, E885.2, E885.3, E885.4, E885.9, E886.0, E886.9, E888.0, E888.1, E888.8, E888.9, E929.3 | W00.2, W00.4, W00.7, W00.9, W01.1, W01.2, W01.3, W01.4, W01.5, W01.6, W01.7, W01.8, W01.9, W02.0, W02.1, W02.2, W02.3, W02.4, W02.5, W02.6, W02.7, W02.8, W02.9, W03.0, W03.1, W03.2, W03.3, W03.4, W03.5, W03.6, W03.7, W03.8, W03.9, W04.0, W04.1, W04.2, W04.3, W04.4, W04.5, W04.6, W04.7, W04.8, W04.9, W05.0, W05.1, W05.2, W05.3, W05.4, W05.5, W05.6, W05.7, W05.8, W05.9, W06.0, W06.1, W06.2, W06.3, W06.4, W06.5, W06.6, W06.7, W06.8, W06.9, W07.0, W07.1, W07.2, W07.3, W07.4, W07.5, W07.6, W07.7, W07.8, W07.9, W08.0, W08.1, W08.2, W08.3, W08.4, W08.5, W08.6, W08.7, W08.8, W09.0, W09.3, W09.4, W09.5, W10.2, W10.3, W10.6, W10.7, W11.0, W11.1, W11.2, W11.3, W11.4, W11.5, W11.6, W11.7, W11.8, W11.9, W12.0, W12.1, W12.2, W12.3, W12.4, W12.5, W12.6, W12.7, W12.8, W12.9, W13.0, W13.1, W13.2, W13.3, W13.4, W13.5, W13.6, W13.7, W13.8, W13.9, W14.0, W14.1, W14.2, W14.3, W14.4, W14.5, W14.6, W14.7, W14.8, W14.9, W15.0, W15.1, W15.3, W15.4, W15.5, W15.6, W15.7, W15.8, W15.9, W16.0, W16.1, W16.2, W16.3, W16.4, W16.5, W16.6, W16.7, W16.8, W16.9, W17.0, W17.1, W17.2, W17.3, W17.4, W17.5, W17.6, W17.7, W17.8, W17.9, W18.0, W18.3, W18.4, W18.8, W18.9, W19.3, W19.6 |

续表

| Cause of injury | ICD 9 | ICD 10 |
|---|---|---|
| Drowning | E910.0, E910.1, E910.2, E910.3, E910.4, E910.8, E910.9 | W65.9, W69.6, W69.8, W70.0, W70.3, W70.4, W70.5, W73.1, W73.2, W73.3, W73.9, W74.1 |
| Fire, heat, and hot substances | E890.0, E890.1, E890.2, E890.3, E890.8, E890.9, E891.0, E891.1, E891.2, E891.3, E891.8, E891.9, E892.0, E893.0, E893.1, E893.2, E893.8, E893.9, E894.0, E895.0, E896.0, E897.0, E898.0, E898.1, E899.0, E924.0, E924.1, E924.2, E924.8, E924.9, E929.4 | X00.5, X00.9, X01.8, X02.9, X03.0, X03.1, X03.2, X03.3, X03.6, X03.7, X03.8, X04.0, X04.1, X04.6, X04.7, X04.8, X05.0, X05.1, X05.9, X06.0, X06.2, X06.3, X06.4, X06.5, X06.6, X06.7, X06.8, X06.9, X08.0, X08.1, X08.2, X09.1, X09.2, X09.3, X09.4, X09.5, X09.6, X09.7, X09.8, X10.0, X10.1, X10.2, X10.4, X10.5, X10.8, X10.9, X11.7, X11.8, X12.0, X12.1, X12.8, X13.6, X13.8, X13.9, X14.1, X14.2, X14.4, X14.5, X14.6, X14.7, X14.8, X15.1, X15.2, X15.8, X15.9, X16.7, X17.4, X17.7, X19.5, X19.6, X19.9 |
| Poisoning by gases and vapors | E862.0, E862.1, E862.2, E862.3, E862.4, E862.9, E867.0, E868.0, E868.1, E868.2, E868.3, E868.8, E868.9, E869.0, E869.1, E869.2, E869.3, E869.4, E869.8, E869.9 | X46.5, X46.6, X47.3, X47.4, X47.5 |
| Poisoning by pesticides | E863.0, E863.1, E863.2, E863.3, E863.4, E863.5, E863.6, E863.7, E863.8, E863.9 | — |
| Poisoning by other means | E850.3, E850.4, E850.5, E850.6, E850.7, E850.8, E854.8, E855.0, E855.1, E855.2, E855.3, E855.4, E855.5, E855.6, E856.0, E857.0, E858.0, E858.1, E858.2, E858.3, E858.4, E858.5, E858.6, E858.7, E858.8, E858.9, E860.2, E860.3, E860.4, E860.8, E860.9, E861.0, E861.1, E861.2, E861.3, E861.4, E861.5, E861.6, E861.9, E864.0, E864.1, E864.2, E864.3, E864.4, E865.0, E865.1, E865.2, E865.3, E865.4, E865.5, E865.8, E865.9, E866.0, E866.1, E866.2, E866.3, E866.4, E866.5, E866.6, E866.7, E866.8, E866.9 | X40.0, X40.9, X43.0, X43.1 |
| Unintentional firearm injuries | E922.0, E922.1, E922.2, E922.3, E922.4, E922.5, E922.8, E922.9, E928.7 | W32.8, W33.0, W33.1, W33.9, W34.0, W34.1 |
| Unintentional suffocation | E913.0, E913.1 | W75.0, W75.7, W75.8, W75.9, W76.8, W76.9 |
| Other exposure to mechanical forces | E916.0, E917.0, E917.1, E917.2, E917.3, E917.4, E917.5, E917.6, E917.7, E917.8, E917.9, E918.0, E919.0, E919.1, E919.2, E919.3, E919.4, E919.5, E919.6, E919.7, E919.8, E919.9, E920.0, E920.1, E920.2, E920.3, E920.4, E920.5, E920.8, E920.9, E921.0, E921.1, E921.8, E921.9, E928.1, E928.2, E928.3, E928.4, E928.5, E928.6 | W20.5, W20.6, W20.7, W20.8, W21.0, W21.1, W21.2, W21.3, W21.4, W21.5, W21.8, W21.9, W22.0, W22.1, W22.2, W22.5, W22.6, W22.7, W22.9, W23.0, W23.1, W23.2, W23.3, W23.4, W23.5, W23.6, W23.7, W23.9, W24.0, W24.3, W24.6, W24.7, W25.2, W25.5, W25.6, W25.9, W26.0, W26.1, W26.2, W26.3, W26.4, W26.5, W26.6, W26.7, W26.8, W26.9, W27.0, W27.1, W27.2, W27.3, W27.4, W27.5, W27.6, W27.7, W27.8, W27.9, W28.0, W28.1, W28.3, W28.4, W28.5, W28.6, W28.7, W28.8, W28.9, W29.0, W29.1, W29.2, W29.3, W29.4, W29.5, W29.6, W30.2, W30.3, W30.4, W30.5, W30.6, W30.7, W30.8, W30.9, W31.0, W31.1, W31.8, W37.0, W37.1, W37.4, W37.7, W37.8, W37.9, W38.1, W38.2, W38.3, W38.4, W38.8, W38.9, W40.8, W41.0, W41.1, W41.2, W41.5, W41.6, W41.9, W42.9, W43.6, W43.8, W43.9, W49.0, W49.1, W49.5, W49.7, W50.0, W50.1, W50.2, W50.3, W50.4, W50.5, W50.6, W50.7, W51.0, W51.1, W51.2, W51.3, W51.4, W51.5, W51.6, W51.7, W51.8, W51.9 |

| Cause of injury | ICD 9 | ICD 10 |
|---|---|---|
| Adverse effects of medical treatment | E870.0, E870.1, E870.2, E870.3, E870.4, E870.5, E870.6, E870.7, E870.8, E870.9, E871.0, E871.1, E871.2, E871.3, E871.4, E871.5, E871.6, E871.7, E871.8, E871.9, E872.0, E872.1, E872.2, E872.3, E872.4, E872.5, E872.6, E872.8, E872.9, E873.0, E873.1, E873.2, E873.3, E873.4, E873.5, E873.6, E873.8, E873.9, E874.0, E874.1, E874.2, E874.3, E874.4, E874.5, E874.8, E874.9, E875.0, E875.1, E875.2, E875.8, E875.9, E876.0, E876.1, E876.2, E876.3, E876.4, E876.5, E876.6, E876.7, E876.8, E876.9, E878.0, E878.1, E878.2, E878.3, E878.4, E878.5, E878.6, E878.8, E878.9, E879.0, E879.1, E879.2, E879.3, E879.4, E879.5, E879.6, E879.7, E879.8, E879.9, E930.0, E930.1, E930.2, E930.3, E930.4, E930.5, E930.6, E930.7, E930.8, E930.9, E931.0, E931.1, E931.2, E931.3, E931.4, E931.5, E931.6, E931.7, E931.8, E931.9, E932.0, E932.1, E932.2, E932.3, E932.4, E932.5, E932.6, E932.7, E932.8, E932.9, E933.0, E933.1, E933.2, E933.3, E933.4, E933.5, E933.6, E933.7, E933.8, E933.9, E934.0, E934.1, E934.2, E934.3, E934.4, E934.5, E934.6, E934.7, E934.8, E934.9, E935.0, E935.1, E935.2, E935.3, E935.4, E935.5, E935.6, E935.7, E935.8, E935.9, E936.0, E936.1, E936.2, E936.3, E936.4, E937.0, E937.1, E937.2, E937.3, E937.4, E937.5, E937.6, E937.8, E937.9, E938.0, E938.1, E938.2, E938.3, E938.4, E938.5, E938.6, E938.7, E938.9, E939.0, E939.1, E939.2, E939.3, E939.4, E939.5, E939.6, E939.7, E939.8, E939.9, E940.0, E940.1, E940.8, E940.9, E941.0, E941.1, E941.2, E941.3, E941.9, E942.0, E942.1, E942.2, E942.3, E942.4, E942.5, E942.6, E942.7, E942.8, E942.9, E943.0, E943.1, E943.2, E943.3, E943.4, E943.5, E943.6, E943.8, E943.9, E944.0, E944.1, E944.2, E944.3, E944.4, E944.5, E944.6, E944.7, E945.0, E945.1, E945.2, E945.3, E945.4, E945.5, E945.6, E945.7, E945.8, E946.0, E946.1, E946.2, E946.3, E946.4, E946.5, E946.6, E946.7, E946.8, E946.9, E947.0, E947.1, E947.2, E947.3, E947.4, E947.8, E947.9, E948.0, E948.1, E948.2, E948.3, E948.4, E948.5, E948.6, E948.8, E948.9, E949.0, E949.1, E949.2, E949.3, E949.4, E949.5, E949.6, E949.7, E949.9 | D52.1, D59.0, D59.2, D59.6, D69.5, D78.2, D78.8, E03.2, E06.4, E09.0, E09.1, E09.3, E09.4, E09.6, E09.8, E27.3, E36.0, E36.1, E66.1, E89.0, E89.1, E89.3, E89.8, G24.0, G25.1, G25.6, G25.7, G93.7, G97.0, G97.1, G97.2, G97.3, G97.4, G97.5, G97.9, I97.4, J95.8, K43.0, K43.1, K43.2, K43.3, K43.4, K43.7, K43.9, K91.5, K91.6, K94.1, K94.2, K94.3, K95.0, K95.8, M87.1, N99.5, N99.6, N99.8, R50.2, R50.8, Y40.1, Y40.2, Y40.3, Y40.4, Y40.7, Y43.4, Y44.5, Y45.0, Y45.1, Y45.4, Y46.0, Y46.2, Y46.3, Y46.4, Y48.2, Y49.2, Y49.8, Y51.3, Y51.4, Y52.0, Y52.4, Y52.5, Y53.8, Y53.9, Y54.6, Y55.3, Y57.5, Y57.9, Y58.5, Y59.0, Y59.1, Y59.2, Y59.3, Y59.8, Y59.9, Y60.5, Y60.6, Y60.7, Y60.9, Y62.0, Y62.6, Y63.1, Y63.2, Y63.5, Y64.0, Y65.1, Y65.3, Y65.5, Y65.8, Y70.0, Y70.1, Y73.2, Y74.0, Y75.1, Y75.2, Y75.3, Y76.8, Y76.9, Y78.3, Y79.8, Y80.2, Y80.3, Y81.2, Y81.8, Y82.1, Y83.0, Y83.4, Y83.5, Y83.6, Y83.8, Y84.0, Y84.1, Y84.3, Y84.5, Y84.6, Y84.7, Y88.3 |
| Venomous animal contact | E905.0, E905.1, E905.2, E905.3, E905.4, E905.5, E905.6, E905.7, E905.8, E905.9 | X20.0, X20.2, X20.4, X20.6, X23.0, X23.1, X23.2, X25.4, X25.7, X28.1, X28.2, X28.4, X28.5, X28.7, X28.8, X28.9, X29.6, X29.8 |
| Non-venomous animal contact | E906.0, E906.1, E906.2, E906.3, E906.4, E906.5, E906.8, E906.9 | W52.0, W52.1, W52.2, W52.4, W52.5, W52.6, W52.7, W52.8, W52.9, W53.0, W53.1, W53.2, W53.8, W54.0, W54.1, W54.2, W54.4, W54.5, W54.7, W54.8, W54.9, W55.0, W55.1, W55.2, W55.3, W55.4, W55.5, W55.6, W55.7, W55.8, W55.9, W56.0, W56.1, W56.2, W56.3, W56.4, W56.5, W56.6, W56.8, W56.9, W57.4, W57.5, W57.8, W58.0, W58.1, W59.1, W59.2, W59.4, W59.7, W59.8, W60.1, W60.2, W61.0, W64.0 |

续表

| Cause of injury | ICD 9 | ICD 10 |
|---|---|---|
| Pulmonary aspiration and foreign body in airway | E911.0, E912.0, E913.8, E913.9 | W78.2, W79.4, W79.5, W79.7, W80.9, W83.2, W83.3, W83.6, W84.1, W84.4, W84.7 |
| Foreign body in eyes | 360.5, 360.6, 376.6, 709.4, 729.6, E914.0 | H02.8, H05.5, H44.6, H44.7 |
| Foreign body in other body part | E915.0 | M60.2, W44.1, W44.2, W44.3, W44.6, W44.9, W45.3 |
| Other unintentional injuries | E903.0, E904.0, E904.1, E904.2, E904.3, E904.9, E913.2, E913.3, E923.0, E923.1, E923.2, E923.8, E923.9, E925.0, E925.1, E925.2, E925.8, E925.9, E927.0, E927.1, E927.2, E927.3, E927.4, E927.8, E927.9, E928.0, E928.8 | W39.0, W77.2, W77.4, W81.0, W81.1, W81.2, W86.0, W86.2, W86.3, W86.4, W86.5, W86.8, W87.0, W87.1, W87.2, W87.3, W87.4, W87.7, W87.8, X50.2, X50.3, X50.4, X50.6, X50.7, X52.6, X52.7, X53.0, X58.2 |
| Self-harm by hanging, strangulation, and suffocation | E953.0, E953.1, E953.8, E953.9 | — |
| Self-harm by fire, heat, and hot substances | E958.1 | X76.1, X76.5 |
| Self-harm by firearm | E955.0, E955.1, E955.2, E955.3, E955.4, E955.5, E955.6, E955.7, E955.9 | X72.9, X73.1, X73.5, X74.0, X74.9 |
| Self-harm by other specified means | E950.0, E950.1, E950.2, E950.3, E950.4, E950.5, E950.6, E950.7, E950.8, E950.9, E951.0, E951.1, E951.8, E952.0, E952.1, E952.8, E952.9, E957.0, E957.1, E957.2, E957.9, E958.0, E958.2, E958.3, E958.4, E958.5, E958.6, E958.7, E958.8, E958.9 | X60.2, X60.3, X60.5, X62.9, X63.7, X63.8, X63.9, X64.0, X64.4, X64.6, X65.1, X65.4, X65.5, X65.8, X66.0, X66.1, X67.1, X69.1, X69.2, X69.7, X69.8, X69.9, X70.0, X70.1, X70.2, X70.3, X70.6, X71.0, X75.1, X75.4, X75.8, X78.2, X79.9, X80.8, X80.9, X81.2, X82.2, X82.4, X82.6, X83.6, X83.7, X83.9, X84.0, X84.6, X84.9 |
| Assault by firearm | E965.0, E965.1, E965.2, E965.3, E965.4 | X94.0, X94.4, X94.6, X95.0, X95.1, X95.3, X95.7 |
| Assault by sharp object | — | X99.1, X99.3, X99.5 |
| Assault by other means | E960.0, E960.1, E962.0, E962.1, E962.2, E962.9, E965.5, E965.6, E965.7, E965.8, E965.9, E967.0, E967.1, E967.2, E967.3, E967.4, E967.5, E967.6, E967.7, E967.8, E967.9, E968.0, E968.1, E968.2, E968.3, E968.4, E968.5, E968.6, E968.7, E968.8, E968.9 | X85.6, X85.7, X86.0, X87.0, X87.4, X87.8, X88.2, X89.6, X90.0, X90.4, X90.9, X91.1, X91.2, X91.7, X91.8, X92.0, X92.9, X96.0, X96.1, X96.2, X96.3, X96.4, X96.6, X96.8, X96.9, X97.6, X97.7, X98.5, X98.7, X98.8, Y00.5, Y00.7, Y00.8, Y00.9, Y01.4, Y01.6, Y01.9, Y02.0, Y02.9, Y03.2, Y03.5, Y03.8, Y04.0, Y04.6, Y05.7, Y05.8, Y05.9, Y06.8, Y07.1, Y07.4, Y07.5, Y08.0, Y08.1, Y08.5, Y08.6, Y08.8, Y87.1, Y87.2 |
| Exposure to forces of nature, disaster | E907.0, E908.0, E908.1, E908.2, E908.3, E908.4, E908.8, E908.9, E909.0, E909.1, E909.2, E909.3, E909.4, E909.8, E909.9 | X33.0, X35.9, X36.8, X37.4, X37.9, X38.6 |
| Exposure to environmental forces, non-disaster | E900.0, E900.1, E900.9, E901.0, E901.1, E901.8, E901.9, E902.0, E902.1, E902.2, E902.8, E902.9, E926.0, E926.1, E926.2, E926.3, E926.4, E926.5, E926.8, E926.9, E929.5 | W88.7, W88.9, W89.0, W89.1, W89.2, W89.3, W89.4, W89.8, W89.9, W90.6, W91.7, W92.2, W92.4, W93.0, W93.1, W93.2, W94.1, W94.2, W94.3, W94.4, W94.6, W94.7, W94.9, W97.9, W99.0, W99.1, W99.2, W99.4, X31.6 |
| Collective violence and legal intervention | E979.0, E979.1, E979.2, E979.3, E979.4, E979.5, E979.6, E979.7, E979.8, E979.9, E990.0, E990.1, E990.2, E990.3, E990.9, E991.0, E991.1, E991.3, E991.4, E991.5, E991.6, E991.7, E991.8, E991.9, E992.0, E992.1, E992.2, E992.3, E992.8, E992.9, E993.0, E993.1, E993.2, E993.3, E993.4, E993.5, E993.6, E993.7, E993.8, E993.9, E994.0, E994.1, E994.2, E994.3, E994.8, E994.9, E995.0, E995.1, E995.2, E995.3, E995.4, E995.8, E995.9, E996.0, E996.1, E996.2, E996.3, E996.8, E996.9, E997.0, E997.1, E997.2, E997.3, E997.8, E997.9, E998.0, E998.1, E998.8, E998.9, E999.0, E999.1 | Y35.0, Y35.1, Y35.2, Y35.3, Y35.4, Y35.5, Y35.8, Y36.0, Y36.1, Y36.2, Y36.3, Y36.4, Y36.5, Y36.7, Y36.8, Y36.9, Y37.0, Y37.1, Y37.2, Y37.3, Y37.4, Y37.5, Y38.7, Y38.8 |

表2　　　　　　　　　　4×4 年龄-时期表设计矩阵 $X$ 的虚拟变量编码

| Intercept | age1 | age2 | age3 | per1 | per2 | per3 | coh1 | coh2 | coh3 | coh4 | coh5 | coh6 |
|---|---|---|---|---|---|---|---|---|---|---|---|---|
| 1 | 1 | 0 | 0 | 1 | 0 | 0 | 0 | 0 | 0 | 1 | 0 | 0 |
| 1 | 0 | 1 | 0 | 1 | 0 | 0 | 0 | 0 | 1 | 0 | 0 | 0 |
| 1 | 0 | 0 | 1 | 1 | 0 | 0 | 0 | 1 | 0 | 0 | 0 | 0 |
| 1 | 0 | 0 | 0 | 1 | 0 | 0 | 1 | 0 | 0 | 0 | 0 | 0 |
| 1 | 1 | 0 | 0 | 0 | 1 | 0 | 0 | 0 | 0 | 0 | 1 | 0 |
| 1 | 0 | 1 | 0 | 0 | 1 | 0 | 0 | 0 | 0 | 1 | 0 | 0 |
| 1 | 0 | 0 | 1 | 0 | 1 | 0 | 0 | 0 | 1 | 0 | 0 | 0 |
| 1 | 0 | 0 | 0 | 0 | 1 | 0 | 0 | 1 | 0 | 0 | 0 | 0 |
| 1 | 1 | 0 | 0 | 0 | 1 | 0 | 0 | 0 | 0 | 0 | 0 | 1 |
| 1 | 0 | 1 | 0 | 0 | 0 | 1 | 0 | 0 | 0 | 0 | 1 | 0 |
| 1 | 0 | 0 | 1 | 0 | 0 | 1 | 0 | 0 | 0 | 1 | 0 | 0 |
| 1 | 0 | 0 | 0 | 0 | 0 | 1 | 0 | 0 | 1 | 0 | 0 | 0 |
| 1 | 1 | 0 | 0 | 0 | 0 | 0 | 0 | 0 | 0 | 0 | 0 | 0 |
| 1 | 0 | 1 | 0 | 0 | 0 | 0 | 0 | 0 | 0 | 0 | 0 | 1 |
| 1 | 0 | 0 | 1 | 0 | 0 | 0 | 0 | 0 | 0 | 0 | 1 | 0 |
| 1 | 0 | 0 | 0 | 0 | 0 | 0 | 0 | 0 | 0 | 1 | 0 | 0 |

表 3　　　　　　　**4×4 年龄-时期表设计矩阵 $X$ 的效果编码**

| Intercept | age1 | age2 | age3 | per1 | per2 | per3 | coh1 | coh2 | coh3 | coh4 | coh5 | coh6 |
|---|---|---|---|---|---|---|---|---|---|---|---|---|
| 1 | 1 | 0 | 0 | 1 | 0 | 0 | 0 | 0 | 0 | 1 | 0 | 0 |
| 1 | 0 | 1 | 0 | 1 | 0 | 0 | 0 | 0 | 1 | 0 | 0 | 0 |
| 1 | 0 | 0 | 1 | 1 | 0 | 0 | 0 | 1 | 0 | 0 | 0 | 0 |
| 1 | -1 | -1 | -1 | 1 | 0 | 0 | 1 | 0 | 0 | 0 | 0 | 0 |
| 1 | 1 | 0 | 0 | 0 | 1 | 0 | 0 | 0 | 0 | 0 | 1 | 0 |
| 1 | 0 | 1 | 0 | 0 | 1 | 0 | 0 | 0 | 0 | 1 | 0 | 0 |
| 1 | 0 | 0 | 1 | 0 | 1 | 0 | 0 | 0 | 1 | 0 | 0 | 0 |
| 1 | -1 | -1 | -1 | 0 | 1 | 0 | 1 | 0 | 0 | 0 | 0 | 0 |
| 1 | 1 | 0 | 0 | 0 | 0 | 1 | 0 | 0 | 0 | 0 | 0 | 1 |
| 1 | 0 | 1 | 0 | 0 | 0 | 1 | 0 | 0 | 0 | 0 | 1 | 0 |
| 1 | 0 | 0 | 1 | 0 | 0 | 1 | 0 | 0 | 0 | 1 | 0 | 0 |
| 1 | -1 | -1 | -1 | 0 | 0 | 1 | 0 | 0 | 1 | 0 | 0 | 0 |
| 1 | 1 | 0 | 0 | -1 | -1 | -1 | -1 | -1 | -1 | -1 | -1 | -1 |
| 1 | 0 | 1 | 0 | -1 | -1 | -1 | 0 | 0 | 0 | 0 | 0 | 1 |
| 1 | 0 | 0 | 1 | -1 | -1 | -1 | 0 | 0 | 0 | 0 | 1 | 0 |
| 1 | -1 | -1 | -1 | -1 | -1 | -1 | 0 | 0 | 0 | 1 | 0 | 0 |

# 参 考 文 献

[1]黄庆道，王声涌．伤害的预防与控制[M]．广州：广东省地图出版社，2001．

[2]Peden M，Oyegbite K，Ozannesmith J，et al．World Report on Child Injury Prevention[M]．WHO，2008：57-58．

[3]王书梅．社区伤害预防和安全促进理论与实践[M]．上海：复旦大学出版社，2010．

[4]Sharma A．International Classification of Diseases[M]．New York：Springer US，2011：1344-1345．

[5]Organization W H．Injuries and violence：The facts[J]．World Health Organization，2010，16(6)．

[6]Cerqueira M T．Health and human security in border regions[J]．Revista Panamericana de Salud Pública，2012，31(5)：359-364．

[7]王声，池桂波．伤害的社会代价及其研究方法[J]．中华预防医学杂志，2001，35(2)：133-134．

[8]Krug E G．Injury surveillance is key to preventing injuries[J]．Lancet，2004，364(9445)：1563．

[9]王书梅．社区伤害流行现况及干预对策研究[D]．上海：复旦大学，2009．

[10]Organization W H．Preventing injuries and violence：A guide for ministries of health[J]．World Health Organization，2007．

[11]Krug E G．Injury surveillance is key to preventing injuries[J]．Lancet，2004，364(9445)：1563．

[12]宁佩珊，程勋杰，张林，等．1990—2010 年中国人群伤害死亡率变化分析[J]．中华流行病学杂志，2015，36(12)：1387-1390．

[13]殷大奎. 伤害——一个重要的公共卫生问题[J]. 中华疾病控制杂志, 2000, 4(1): 1-3.

[14]李志义, 郭祖鹏, 黄红儿, 等. 我国伤害预防与控制的现状[J]. 中国慢性病预防与控制, 2007, 15(2): 181-183.

[15]王声湧. 中国伤害研究和伤害控制工作的进展[J]. 伤害医学(电子版), 2012, 01(1): 1-6.

[16]Pal R. Injury epidemiology: The neglected chapter[J]. Nepal Journal of Epidemiology, 2012, 2(4).

[17]李丹. 中国伤害预防控制工作现状、策略措施及未来预测[J]. 中国健康教育, 2005, 21(4): 258-261.

[18]王懂燕. 社区青壮年伤害流行现状分析与预防[J]. 社区医学杂志, 2010, 08(24): 61-62.

[19]栗华, 张中朝, 谢晨. 我国伤害现状及研究进展[J]. 中国慢性病预防与控制, 2009, 17(5): 544-546.

[20]Warner M, Chen L H. Surveillance of Injury Mortality[M].New York: Springer US, 2012: 3-21.

[21]Li G. Injury Research—theories, Methods, and Approaches[M]. New York: Springer US, 2012.

[22]Jemal A, Ward E, Hao Y, et al. Trends in the leading causes of death in the United States, 1970—2002[J]. Jama the Journal of the American Medical Association, 2005, 294(10): 1255.

[23]Fingerhut L A, Anderson R N. The three leading causes of injury mortality in the United States, 1999—2005[J]. NCHS Health E-Stat. Centers for Disease Control and Prevention, 2008.

[24]Richter E D, Friedman L S, Berman T, et al. Death and injury from motor vehicle crashes: A tale of two countries[J]. American Journal of Preventive Medicine, 2005, 29(5): 440-449.

[25]Priti B, Diana S, Tod M, et al. Temporal trends in motor vehicle fatalities in the United States, 1968—2010—A joinpoint regression analysis[J]. Injury

Epidemiology, 2015, 2(1): 4.

[26]Dharmaratne S D, Jayatilleke A U, Jayatilleke A C. Road traffic crashes, injury and fatality trends in Sri Lanka: 1938—2013[J]. Bulletin of the World Health Organisation, 2015, 93(9): 640.

[27]Brazinova A, Majdan M. Road traffic mortality in the Slovak Republic in 1996—2014[J]. Traffic Injury Prevention, 2016.

[28]Lopez-Charneco M, Conte-Miller M S, Davila-Toro F, et al. Motor vehicle accident fatalities trends, Puerto Rico 2000—2007[J]. Journal of Forensic Sciences, 2011, 56(56): 1222-1226.

[29]Chang S S, Gunnell D, Sterne J A, et al. Was the economic crisis 1997—1998 responsible for rising suicide rates in East/Southeast Asia? A time-trend analysis for Japan, Hong Kong, South Korea, Taiwan, Singapore and Thailand[J]. Social Science & Medicine, 2009, 68(7): 1322-1331.

[30]Puzo Q, Qin P, Mehlum L. Long-term trends of suicide by choice of method in Norway: a joinpoint regression analysis of data from 1969 to 2012[J]. BMC Public Health, 2016, 16(1): 255.

[31]Hegerl U, Mergl R, Doganay G, et al. Why has the continuous decline in german suicide rates stopped in 2007? [J]. Plos One, 2013, 8(8): e71589.

[32]Yoshioka E, Hanley S J, Kawanishi Y, et al. Time trends in method-specific suicide rates in Japan, 1990—2011[J]. Epidemiology and Psychiatric Sciences, 2016, 25(1): 58-68.

[33]Cha E S, Chang S S, Lee W J. Potential underestimation of pesticide suicide and its impact on secular trends in South Korea, 1991—2012[J]. Injury Prevention Journal of the International Society for Child & Adolescent Injury Prevention, 2015, 22(3): 189.

[34]Sung K C, Liang F W, Cheng T J, et al. Trends in unintentional fall-related traumatic brain injury death rates in older adults in the United States, 1980—2010: A joinpoint analysis[J]. Journal of Neurotrauma, 2014, 32(14): 1-4.

[35]Orces C H, Alamgir A H. Trends in hip fracture-related mortality in Texas,

1990—2007[J]. Southern Medical Journal, 2011, 104(7): 482-487.

[36]Fowler K A, Dahlberg L L, Haileyesus T, et al. Firearm injuries in the United States[J]. Preventive Medicine, 2015, 79: 5.

[37]Fontcha D S, Spooner K, Salemi J L, et al. Industry-related injuries in the United States from 1998 to 2011: Characteristics, trends, and associated health care costs[J]. Journal of Occupational & Environmental Medicine, 2015, 57(7): 814-826.

[38]Margaret W, Chen L H. Drug poisoning deaths by urbanisation and geographic region, US 1999—2009[J]. Immunologic Research, 2012, 17(1-2): 229-238.

[39]Kramarow E, Chen L H, Hedegaard H, et al. Deaths from unintentional injury among adults aged 65 and over: United States, 2000—2013[J]. Nchs Data Brief, 2015(199): 199.

[40]Murphy T, Pokhrel P, Worthington A, et al. Unintentional injury mortality among American Indians and Alaska Natives in the United States, 1990—2009[J]. American Journal of Public Health, 2014, 104 Suppl 3(S3): S470.

[41]Parkkari J, Sievänen H, Niemi S, et al. Injury deaths in the adolescent population of Finland: A 43-year secular trend analysis between 1971 and 2013[J]. Injury Prevention Journal of the International Society for Child & Adolescent Injury Prevention, 2016, 22(4): 762-767.

[42]Barrio G, Pulido J, Bravo M J, et al. An example of the usefulness of joinpoint trend analysis for assessing changes in traffic safety policies[J]. Accident Analysis & Prevention, 2014, 75C(4): 292-297.

[43]Gagné M, Robitaille Y, Hamel D, et al. Firearms regulation and declining rates of male suicide in Quebec[J]. Injury Prevention, 2010, 16(16): 247-253.

[44]Tamosiunas A, Reklaitiene R, Virviciute D, et al. Trends in suicide in a Lithuanian urban population over the period 1984—2003[J]. BMC Public Health, 2006, 6(1): 184.

[45]Spies E L, Klevens J. Fatal Abusive Head Trauma Among Children Aged <5 Years, United States, 1999—2014[J]. Mmwr Morbidity & Mortality Weekly

Report, 2016, 65(20): 505.

[46]Sullivan E M, Annest J L, Simon T R, et al. Suicide trends among persons aged 10-24 years, United States, 1994—2012[J]. Mmwr Morb Mortal Wkly Rep, 2015, 64(8): 201-205.

[47]Li G, Shahpar C, Grabowski J G, et al. Secular trends of motor vehicle mortality in the United States, 1910—1994[J]. Accident Analysis & Prevention, 2001, 33 (3): 423-432.

[48]Shahpar C, Li G. Homicide mortality in the United States, 1935—1994: Age, period, and cohort effects[J]. American Journal of Epidemiology, 1999, 150 (11): 1213.

[49]Phillips J A. A changing epidemiology of suicide? The influence of birth cohorts on suicide rates in the United States[J]. Social Science & Medicine, 2014, 114: 151-160.

[50]Thibodeau L. Suicide mortality in Canada and Quebec, 1926—2008: An age-period-cohort analysis[J]. Canada Studies in Population, 2015.

[51]Ajdacic Gross V, Bopp M, Gostynski M, et al. Age-period-cohort analysis of Swiss suicide data, 1881—2000[J]. European Archives of Psychiatry and Clinical Neuroscience, 2006, 256(4): 207-214.

[52]Allebeck P, Brandt L, Nordstrom P, et al. Are suicide trends among the young reversing? Age, period and cohort analyses of suicide rates in Sweden[J]. Acta Psychiatrica Scandinavica, 1996, 93(1): 43-48.

[53]Odagiri Y, Uchida H, Nakano M. Gender differences in age, period, and birth-cohort effects on the suicide mortality rate in Japan, 1985—2006[J]. Asia Pacific Journal of Public Health, 2011, 23(4): 581.

[54]Park C, Jee Y H, Jung K J. Age-period-cohort analysis of the suicide rate in Korea[J]. Journal of Affective Disorders, 2016, 194: 16.

[55]马文军, 曾四清, 许燕君, 等. 广东省 1991—2000 年伤害死亡趋势及原因分析[J]. 中国预防医学杂志, 2002(04): 9-11.

[56]张佩斌, 邓静云, 徐柏荣, 等. 江苏省 5 岁以下儿童伤害死亡趋势分析[J].

疾病控制杂志, 1999(04)：313.

[57]徐燕. 江苏省 1991—1998 年 0~4 岁儿童意外伤害死亡趋势分析[J]. 江苏卫生保健, 2003(03)：30-31.

[58]贾尚春, 谢建嵘. 安徽省 1993—2002 年道路伤害流行趋势及影响因素分析[J]. 安徽预防医学杂志, 2004(05)：263-264.

[59]高亚礼, 陈晓芳, 季奎, 等. 四川省死因监测点伤害死亡变化趋势[J]. 预防医学情报杂志, 2009(08)：633-637.

[60]陆建邦, 戴涤新, 孙喜斌, 等. 河南居民伤害死亡水平及其动态分析[J]. 疾病控制杂志, 2001(03)：224-226.

[61]杨云娟, 戴璟, 王文杰, 等. 2004—2006 年云南省道路交通伤害的流行趋势[J]. 预防医学情报杂志, 2013(10)：884-888.

[62]邹志霆, 吕太富, 潘忠伦, 等. 贵州省监测人群的意外伤害水平和变化趋势[J]. 疾病监测, 2000(07)：271-273.

[63]刘天锡, 夏清, 李丽, 等. 宁夏地区居民伤害的流行病学趋势研究[J]. 中华预防医学杂志, 2002(05)：40-42.

[64]宁佩珊, 程勋杰, 张林, 等. 1990—2010 年中国人群伤害死亡率变化分析[J]. 中华流行病学杂志, 2015, 36(12)：1387-1390.

[65]接潇, 冯铁男, 马苏, 等. 2004 年至 2010 年中国伤害死亡流行趋势及疾病负担分析[J]. 中华卫生应急电子杂志, 2015(04)：294-297.

[66]杨功焕, 周脉耕, 黄正京, 等. 中国人群 1991—2000 年伤害死亡的流行趋势和疾病负担[J]. 中华流行病学杂志, 2004(03)：15-20.

[67]杨功焕, 黄正京, 陈爱平. 中国人群的意外伤害水平和变化趋势[J]. 中华流行病学杂志, 1997(03)：142-145.

[68]曹卫华, 吴涛, 安涛, 等. 1990—1997 年中国城乡人群伤害死亡分析[J]. 中华流行病学杂志, 2000(05)：7-9.

[69]池桂波, 王声湧. 中国道路交通伤害长期趋势及其影响因素分析[J]. 中华流行病学杂志, 2007, 28(2)：148-153.

[70]肖婷婷. 1991—2005 年全国道路交通伤害流行趋势及影响因素分析[D]. 广州：暨南大学, 2007：

[71] 杨科，郑文贵，祁华金，等．我国交通意外伤害倒"U"型变化趋势分析［J］．中国卫生事业管理，2014（07）：557-559．

[72] 段蕾蕾，邓晓，张睿，等．1995—2005 年我国道路交通伤害状况分析［J］．中国卫生统计，2007（03）：297-299．

[73] 张徐军，陈宗遒，贾佳，等．1951—2004 年中国道路交通事故伤害分析［J］．中国公共卫生，2007（10）：1214-1215．

[74] 王畅，池桂波，王声湧，等．中国道路交通伤害长期趋势与人均国内生产总值的关系［J］．中华预防医学杂志，2011，45（4）：350-353．

[75] 孙晓凯，刘荣海，顾晓平，等．1976—2006 年大丰区居民伤害死亡趋势分析［J］．中国慢性病预防与控制，2008，16（4）：361-364．

[76] 王良友，乔冬菊，赵璐璐，等．2010—2014 年浙江省台州市居民伤害死亡流行趋势分析［J］．中国慢性病预防与控制，2016，24（10）：794-796．

[77] 周曦斓，王静，李小攀，等．2002—2010 年上海市浦东新区居民伤害死亡流行趋势分析［J］．中国慢性病预防与控制，2015（03）：235-237．

[78] 陈亦晨，李小攀，杨琛，等．2002—2013 年上海市浦东新区劳动适龄人口伤害死亡流行特征及趋势分析［J］．中国健康教育，2016，32（1）：64-68．

[79] Shao Y, Zhu C, Zhang Y, et al. Epidemiology and temporal trend of suicide mortality in the elderly in Jiading, Shanghai, 2003—2013: A descriptive, observational study［J］. Bmj Open, 2016, 6（8）: e12227.

[80] 王庆生，陈万青，郑荣寿，等．癌症年龄别发病率的 Joinpoint 线性回归分析及其在癌症防控中的意义［J］．中国肿瘤，2013（03）：180-185．

[81] Chung R Y, Yip B H K, Chan S S M, et al. Cohort effects of suicide mortality are sex specific in the rapidly developed Hong Kong Chinese Population, 1976—2010［J］. Depression and Anxiety, 2016, 33（6）: 558-566.

[82] 梁瀞芳，林玉惠，陈文意，等．老化与自杀死亡率之探讨［J］．南开学报（台湾），2011，8（1）：9-17．

[83] 赖冠霖．台湾地区机动车事故死亡率之年龄、年代及世代效应分析［D］．台北：台北医学大学伤害防治学研究所，2004．

[84] Jau-Yih T, Lee W C, Wang J D. Age-period-cohort analysis of motor vehicle

mortality in Taiwan, 1974—1992[J]. Accident Analysis & Prevention, 1996, 28 (28): 619-626.

[85]范玉成, 方平, 范雪春. 意外伤害监测的信息化探索[J]. 现代医院, 2008, 8(12): 3.

[86]中华预防医学会伤害预防与控制分会. 中国伤害研究和伤害控制大事记 (1973—2010 年)[J]. 伤害医学(电子版), 2012, 01(1): 48-66.

[87]段蕾蕾, 吴凡, 杨功焕, 等. 全国伤害监测系统发展[J]. 中国健康教育, 2012, 28(4): 338-341.

[88]Holder Y, M P, E K, et al. Injury surveillance guidelines[J]. Geneva World Health Organization, 2001, 6(2): 422-423.

[89] Mackenzie E J. Epidemiology of injuries: Current trends and future challenges[J]. Epidemiologic Reviews, 2000, 22(1): 112.

[90]IHME. The Global Burden of Disease: a critical resource for informed policymaking[EB/OL]. http://www.healthdata.org/gbd/about. [2017-03-01].

[91]IHME. About the GHDx[EB/OL]. http://ghdx.healthdata.org/about-ghdx [2017-03-01].

[92]IHME. Global Burden of Disease Study 2015 (GBD 2015) Data Resources[EB/OL]. http://ghdx.healthdata.org/gbd-2015.

[93]Zhou M, Wang H, Zhu J, et al. Cause-specific mortality for 240 causes in China during 1990—2013: A systematic subnational analysis for the Global Burden of Disease Study 2013[J]. Lancet, 2015, 387(10015): 251.

[94]Vandyk A, Harrison M B, Graham I D, et al. Accuracy of ICD codes for persons with considerable emergency department use for mental health complaints[J]. International Journal of Emergency Mental Health, 2015, 17(3): 600-601.

[95]Haagsma J A, Graetz N, Bolliger I, et al. The global burden of injury: Incidence, mortality, disability-adjusted life years and time trends from the Global Burden of Disease Study 2013[J]. Injury Prevention Journal of the International Society for Child & Adolescent Injury Prevention, 2016, 22(1): 2015-41616.

[96]Mortality G, Collaborators C O D. Global, regional, and national age-sex specific

all-cause and cause-specific mortality for 240 causes of death, 1990—2013: A systematic analysis for the Global Burden of Disease Study 2013[J]. Lancet, 2015, 385(9963): 117-171.

[97]Ning P, Schwebel D C, Huang H, et al. Global progress in road injury mortality since 2010[J]. Plos One, 2016, 11(10): e164560.

[98]Lozano R, Naghavi M, Foreman K, et al. Global and regional mortality from 235 causes of death for 20 age groups in 1990 and 2010: A systematic analysis for the Global Burden of Disease Study 2010[J]. The Lancet, 2013, 380(9859): 2095-2128.

[99]Wang Z, Wang J, Bao J, et al. Temporal trends of suicide mortality in mainland China: results from the age-period-cohort framework[J]. International Journal of Environmental Research and Public Health, 2016, 13(8): 784.

[100]Zhou M, Wang H, Zhu J, et al. Cause-specific mortality for 240 causes in China during 1990—2013: A systematic subnational analysis for the Global Burden of Disease Study 2013[J]. The Lancet, 2016, 387(10015): 251-272.

[101]李春晖. 中国20~84岁女性乳腺癌年龄-时期-队列模型的研究[D]. 武汉: 武汉大学, 2015.

[102]Yang Y, Land K C. Age-period-cohort analysis: New models, methods, and empirical applications[J]. Annals of Epidemiology, 2013.

[103]Wang L, Yu C, Liu Y, et al. Lung Cancer Mortality Trends in China from 1988 to 2013: New challenges and opportunities for the government[J]. International Journal of Environmental Research and Public Health, 2016, 13(11): 1052.

[104]Li C, Yu C, Wang P. An age-period-cohort analysis of female breast cancer mortality from 1990—2009 in China[J]. International Journal for Equity in Health, 2015, 14(1): 76.

[105]王宏业, 丁宏. 安徽省肥西县2009—2012年恶性肿瘤发病特征分析[J]. 安徽医学, 2015(3): 368-371.

[106]胡文斌, 张婷, 秦威, 等. 1981—2014年江苏省昆山市全死因死亡率趋势分析[J]. 疾病监测, 2016, 31(11): 962-967.

[107]赛金玉. 威海市文登区居民恶性肿瘤死亡水平、变化趋势与疾病负担研究[D]. 济南：山东大学，2014.

[108]Kim H, Fay M P, Feuer E J, et al. Permutation tests for joinpoint regression with applications to cancer rates[J]. Statistics in Medicine, 2000, 19（3）: 335-351.

[109]Clayton D, Schifflers E. Models for temporal variation in cancer rates. Ⅱ: Age-period-cohort models[J]. Statistics in Medicine, 1987, 6（4）: 469-481.

[110]Kim H J, Fay M P, Feuer E J, et al. Permutation tests for joinpoint regression with applications to cancer rates[J]. Statistics in Medicine, 2000, 19（3）: 335-351.

[111]Telli H, Saraçli S. Joinpoint regression analysis and an application on Istanbul Stock Exchange[J]. Medical Electron Microscopy, 2014, 29（2）: 70-75.

[112]NCI Statistical Methodology And Applications Branch S R P. Joinpoint Regression Program, Version 4. 4. 0. 0-January 2017[CP/OL]. https: //surveillance. cancer. gov/joinpoint/.

[113]Wong M C, Jiang J Y, Huang J L, et al. Global patterns and trends of esophageal cancer: A joinpoint regression analysis[J]. Clinical Gastroenterology & Hepatology, 2017, 15（1）: e34.

[114]封婷. APC 模型识别问题研究[D]. 北京：中国人民大学，2011.

[115]Rosner B R. Fundamentals of Biostatistics, International Edition[M]. Cengage Learning EMEA, 2011.

[116]高韦. Poisson 回归在辅助生殖与自然受孕新生儿出生缺陷中的应用[D]. 杭州：浙江大学，2010.

[117]于浩，石卫，戴胜利. Poisson 回归模型的应用[J]. 江苏预防医学，1996（3）: 17-18.

[118]郭志刚，巫锡炜. 泊松回归在生育率研究中的应用[J]. 中国人口科学，2006, 2006（4）: 2-15.

[119]俞国培. APC 泊松对数线性回归模型及其在疾病描述性研究中的应用[J]. 中国卫生统计，1992（1）: 13-17.

[120]高俊宏，董丽芳，颜虹，等．Effect coding 与 Dummy coding 赋值方法及其医学研究应用[J]．中国卫生统计，2013(02)：302-303.

[121]苏晶晶，彭非．年龄-时期-队列模型参数估计方法最新研究进展[J]．统计与决策，2014(23)：21-26.

[122]Fienberg S E, Mason W M. Identification and estimation of age-period-cohort models in the analysis of discrete archival data[J]. Sociological Methodology, 1979, 10：1.

[123]Nakamura T. Bayesian cohort models for general cohort table analyses[J]. Annals of the Institute of Statistical Mathematics, 1986, 38(1)：353-370.

[124]Mason W M, Wolfinger N H. Cohort analysis[J]. International Encyclopedia of the Social & Behavioral Sciences, 2001：2189-2194.

[125]Osmond C, Gardner M J. Age, period and cohort models applied to cancer mortality rates[J]. Statistics in Medicine, 1982, 1(3)：245.

[126]Robertson C, Gandini S, Boyle P. Age-period-cohort models：A comparative study of available methodologies[J]. Journal of Clinical Epidemiology, 1999, 52(52)：569-583.

[127]Harvey B J. The Cambridge Dictionary of Statistics in The Medical Sciences[M]. Cambridge University Press, 2002：471.

[128]Sankaran P G. Age-period-cohort models：Approaches and analyses with aggregate data[J]. International Statistical Review, 2015, 83(2)：335-336.

[129]O'Brien R M. Age period cohort characteristic models[J]. Social Science Research, 2000, 29(1)：123-139.

[130]Harding D J. A general strategy for the identification of age, period, cohort models：A mechanism based approach[J]. Citeseer, 2004.

[131]Robertson C, Boyle P. Age, period and cohort models：The use of individual records[J]. Statistics in Medicine, 1986, 5(5)：527-538.

[132]Luo L. Assessing validity and application scope of the intrinsic estimator approach to the age-period-cohort problem[J]. Demography, 2013, 50(6)：1945-1967.

[133]Fu W J. A smoothing cohort model in age-period-cohort analysis with applications to homicide arrest rates and lung cancer mortality rates[J]. Sociological Methods & Research, 2008, 36(3): 327-361.

[134]Carstensen B. Age-period-cohort models for the Lexis diagram[J]. Statistics in Medicine, 2007, 26(15): 3018-3045.

[135]Yang Y, Land K C. A mixed models approach to the age-period-cohort analysis of repeated cross-section surveys, with an application to data on trends in verbal test scores[J]. Sociological Methodology, 2006, 36(1): 75-97.

[136]Luo L. Age-Period-Cohort Analysis: Critiques and Innovations[D]. University of Minnesota, 2015.

[137]Lee W C, Lin R S. Autoregressive age-period-cohort models[J]. Statistics in Medicine, 1996, 15(3): 273-281.

[138]O'Brien R M, Hudson K, Stockard J. A mixed model estimation of age, period, and cohort effects[J]. Sociological Methods & Research, 2008, 36(36): 402-428.

[139]Tarone R E, Chu K C. Implications of birth cohort patterns in interpreting trends in breast cancer rates[J]. Journal of the National Cancer Institute, 1992, 84 (18): 1402.

[140]James I R, Segal M R. On a method of mortality analysis incorporating age-year interaction, with application to prostate cancer mortality[J]. Biometrics, 1982, 38(2): 433-443.

[141]Harding D J, Winship C. A mechanism-based approach to the identification of age-period-cohort models[J]. Sociological Methods & Research, 2008, 36(3): 362-401.

[142]Kupper L L, Janis J M, Salama I A, et al. Age-period-cohort analysis: An illustration of the problems in assessing interaction in one observation per cell data[J]. Communication in Statistics—Theory and Methods, 1983, 12(23): 201-217.

[143]Searle S R, Gruber M H J. Linear Models[M]. 2nd Edition. New York:

Wiley, 2016.

[144] Holford T R. The estimation of age, period and cohort effects for vital rates[J]. Biometrics, 1983, 39(2): 311-324.

[145] Tarone R E, Chu K C. Evaluation of birth cohort patterns in population disease rates[J]. American Journal of Epidemiology, 1996, 143(1): 85-91.

[146] Rodgers W L. Estimable functions of age, period, and cohort effects[J]. American Sociological Review, 1982, 47(6): 774.

[147] O Brien R M. Estimable functions in age-period-cohort models: A unified approach[J]. Quality & Quantity, 2014, 48(1): 457-474.

[148] Scappini E. The estimable functions of age, period and generation effects: A political application[J]. Quality & Quantity, 2006, 40(5): 759-781.

[149] O'Brien R. Age-period-cohort Models: Approaches and Analyses with Aggregate data[M]. CRC Press, 2014.

[150] Jagodzinski W. Identification of parameters in cohort models[J]. Sociological Methods & Research, 1984, 12(4): 375-398.

[151] Bradford P T, Anderson W F, Purdue M P, et al. Rising melanoma incidence rates of the trunk among younger women in the United States[J]. Cancer Epidemiology Biomarkers & Prevention, 2010, 19(9): 2401-2406.

[152] Cervantesamat M, Lópezabente G, Aragonés N, et al. The end of the decline in cervical cancer mortality in Spain: Trends across the period 1981—2012[J]. BMC Cancer, 2015, 15(1): 287.

[153] Crystal Speaks K A M M. Significant calendar period deviations in testicular germ cell tumors indicate that postnatal exposures are etiologically relevant[J]. Cancer Causes & Control, 2012, 23(10): 1593.

[154] Anderson W F, Rosenberg P S, Petito L, et al. Divergent estrogen receptor-positive and-negative breast cancer trends and etiologic heterogeneity in Denmark[J]. International Journal of Cancer, 2013, 133(9): 2201-2206.

[155] Sung H, Rosenberg P S, Chen W Q, et al. Female breast cancer incidence among Asian and Western populations: more similar than expected[J]. Journal of

the National Cancer Institute, 2015, 107(7).

[156] Rosenberg P S, Anderson W F. Age-period-cohort models in cancer surveillance research: Ready for Prime time? [J]. Cancer Epidemiology Biomarkers & Prevention, 2011, 20(7): 1263.

[157] Xie S H, Lagergren J. A possible link between famine exposure in early life and future risk of gastrointestinal cancers: Implications from age-period-cohort analysis[J]. International Journal of Cancer, 2016, 140(3): 636-645.

[158] Xie S H, Lagergren J. Time trends in the incidence of oesophageal cancer in Asia: Variations across populations and histological types [J]. Cancer Epidemiology, 2016, 44: 71-76.

[159] Anderson W F, Camargo M C, Jr J F F, et al. Age-specific trends in incidence of noncardia gastric cancer in US adults [J]. JAMA, 2010, 303 (17): 1723-1728.

[160] Mbulaiteye S M, Anderson W F, Ferlay J, et al. Pediatric, elderly, and emerging adult-onset peaks in Burkitt's lymphoma incidence diagnosed in four continents, excluding Africa[J]. American Journal of Hematology, 2012, 87 (6): 573-578.

[161] Rosenberg P S, Check D P, Anderson W F. A web tool for age-period-cohort analysis of cancer incidence and mortality rates [J]. Cancer Epidemiology Biomarkers & Prevention, 2014, 23(11): 2296.

[162] Wang Z, Hu S, Sang S, et al. Age-period-cohort analysis of stroke mortality in China: Data from the Global Burden of Disease Study 2013[J]. Stroke, 2016.

[163] Anderson W F, Rosenberg P S, Menashe I, et al. Age-related crossover in breast cancer incidence rates between black and white ethnic groups[J]. Journal of the National Cancer Institute, 2008, 100(24): 1804.

[164] Kilfoy B A, Devesa S S, Ward M H, et al. Gender is an age-specific effect modifier for papillary cancers of the thyroid gland [J]. Cancer Epidemiology Biomarkers & Prevention, 2009, 18(4): 1092-1100.

[165] Rosenberg P S, Wilson K L, Anderson W F. Are incidence rates of adult

leukemia in the United States significantly associated with birth cohort? ［J］. Cancer Epidemiology Biomarkers & Prevention, 2012, 21(12)：2159.

［166］Ma J, Siegel R, Jemal A. Pancreatic cancer death rates by race among US men and women, 1970—2009［J］. Journal of the National Cancer Institute, 2013, 105(22)：1694.

［167］Xie S H, Chen J, Zhang B, et al. Time trends and age-period-cohort analyses on incidence rates of thyroid cancer in Shanghai and Hong Kong［J］. BMC Cancer, 2014, 14(1)：975.

［168］Wang H, Naghavi M, Allen C, et al. Global, regional, and national life expectancy, all-cause mortality, and cause-specific mortality for 249 causes of death, 1980—2015：A systematic analysis for the Global Burden of Disease Study 2015［J］. The Lancet, 2016, 388(10053)：1459-1544.

［169］Barrio G, Pulido J, Bravo M J, et al. An example of the usefulness of joinpoint trend analysis for assessing changes in traffic safety policies［J］. Accident Analysis & Prevention, 2015, 75：292-297.

［170］Jau-Yih T, Lee W, Wang J. Age-period-cohort analysis of motor vehicle mortality in Taiwan, 1974—1992［J］. Accident Analysis & Prevention, 1996, 28(5)：619-626.

［171］Wen M. Road Traffic Injuries in China：Time Trends, Risk Factors and Economic Development［M］. Baltimore：The Johns Hopkins University, 2009.

［172］蒋式新, 沈蕙, 李海, 等. 青少年不安全骑车行为及其影响因素调查［J］. 中国校医, 2006, 20(3)：251-252.

［173］李文权. 中国老年人交通事故分析及预防对策［J］. 道路交通与安全, 2005 (5)：22-24.

［174］Woolf Cameron, Heng Kenneth, Layde M Peter. 老年人与交通事故的调查分析（英文）［J］. 中华急诊医学杂志, 2006, 1：1.

［175］Nagy K K, Smith R F, Roberts R R, et al. Prognosis of penetrating trauma in elderly patients：A comparison with younger patients［J］. The Journal of Trauma, 2000, 49(2)：190-194.

[176] Kuhne C A, Ruchholtz S, Kaiser G M, et al. Mortality in severely injured elderly trauma patients—When does age become a risk factor? [J]. World Journal of Surgery, 2005, 29(11): 1476-1482.

[177] Organization W H. Global Status Report on Road Safety 2015 [M]. World Health Organization, 2015.

[178] 于欣. ICD-10 在中国的引进和推广[J]. 中国心理卫生杂志, 2009, 23 (6): 400.

[179] 郑筠, 李丽萍, Zheng Yun, 等. ICD-10 在医院伤害监测工作中的应用[J]. 中华疾病控制杂志, 2008, 12(4): 361-364.

[180] Anderson R N, Miniño A M, Hoyert D L, et al. Comparability of cause of death between ICD-9 and ICD-10: Preliminary estimates[J]. National Vital Statistics Reports: From the Centers for Disease Control and Prevention, National Center for Health Statistics, National Vital Statistics System, 2001, 49(2): 1-32.

[181] Wen M. Road traffic injuries in China: Time trends, risk factors and economic development[J]. Dissertations & Theses-Gradworks, 2009.

[182] Smeed R J. Some statistical aspects of road safety research[J]. Journal of the Royal Statistical Society, 1949, 112(1): 1-34.

[183] Rong H U, Zhang J, Zhong H, et al. Analysis on long-term relationship between economic growth and mortality from traffic accident[J]. Journal of Theoretical & Applied Information Technology, 2012.

[184] 杨姮. 中国经济发展与交通事故关系的实证研究[J]. 斯密德法则, 2014.

[185] Hua L T, Noland R B, Evans A W. The direct and indirect effects of corruption on motor vehicle crash deaths[J]. Accident Analysis & Prevention, 2010, 42 (6): 1934-1942.

[186] 王安, 魏建. 法律执行与道路交通事故——对《道路交通安全法》实施效果的评价[J]. 浙江学刊, 2012, 1: 23.

[187] 本仁. 农民: 交通事故最大伤亡人群[J]. 安全与健康, 2005(20): 52.

[188] 章亚东, 侯树勋, 王予彬, 等. 道路交通伤院内死亡分析[J]. 中华创伤杂志, 1999, 15(1): 51-53.

[189]肖可,刘旭霞,黄春英,等.罗湖区非职业驾驶员气质类型与交通安全相关性调查[J].公共卫生与预防医学,2011,22(5):128-129.

[190]Surtees P G, Duffy J C. Suicide in England and Wales 1946—1985: An age-period-cohort analysis [J]. Acta Psychiatrica Scandinavica, 1989, 79(3): 216-223.

[191]Joe S. Explaining changes in the patterns of black suicide in the United States from 1981 to 2002: An age, cohort, and period analysis[J]. Journal of Black Psychology, 2006, 32(3): 262-284.

[192]Wang Z, Yu C, Wang J, et al. Age-period-cohort analysis of suicide mortality by gender among white and black Americans, 1983—2012[J]. International Journal for Equity in Health, 2016, 15(1): 107.

[193]Phillips M R, Li X, Zhang Y. Suicide rates in China, 1995—1999[J]. Lancet, 2002, 359(9309): 835-840.

[194]Phillips M R. Suicide and attempted suicide—China, 1990—2002 [J]. Morbidity & Mortality Weekly Report, 2004, 53(22): 481-484.

[195]Zhang J, Li N, Tu X M, et al. Risk factors for rural young suicide in China: A case-control study[J]. Journal of Affective Disorders, 2011, 129(1-3): 244.

[196]Cao X, Zhong B, Xiang Y, et al. Prevalence of suicidal ideation and suicide attempts in the general population of China: A meta-Analysis [J]. The International Journal of Psychiatry in Medicine, 2015, 49(4): 296.

[197]Stack S. Social Correlates of Suicide by Age [M]. New York: Springer US, 1991.

[198]Gjertsen F, Bruzzone S, Vollrath M E, et al. Comparing ICD-9 and ICD-10: The impact on intentional and unintentional injury mortality statistics in Italy and Norway[J]. Injury, 2013, 44(1): 132-138.

[199]Hawton K, Haw C. Economic recession and suicide: The association is clear but government response may limit its extent[J]. BMJ, 2013, 347: f5612.

[200]Reeves A, Stuckler D, Mckee M, et al. Increase in state suicide rates in the USA during economic recession[J]. Lancet, 2012, 380(9856): 1813.

[201]李之民. 金融结构对经济增长质量的影响研究[D]. 重庆：重庆大学, 2015.

[202]张杰, 景军, 吴学雅, 等. 中国自杀率下降趋势的社会学分析[J]. 中国社会科学, 2011(05)：97-113.

[203]Sun J, Guo X, Zhang J, et al. Suicide rates in Shandong, China, 1991—2010：Rapid decrease in rural rates and steady increase in male-female ratio[J]. Journal of Affective Disorders, 2013, 146(3)：361-368.

[204]中华人民共和国国家统计局. 中国统计年鉴[M]. 北京：中国统计出版社, 2008.

[205]刘梅芳, 黄月新, 陈丹. 精神病人服用有机磷农药中毒的抢救与护理[J]. 四川精神卫生, 2005(03)：184-185.

[206]Guo Y H. The management and control status of banned/restricted pesticides in China[J]. Modern Preventive Medicine, 2013.

[207]Yang G H, Phillips M R, Zhou M G, et al. Understanding the unique characteristics of suicide in China：National psychological autopsy study[J]. 生物医学与环境科学, 2005, 18(6)：379-389.

[208]He Z, Lester D. Methods for suicide in mainland China[J]. Death Studies, 1998, 22(6)：571-579.

[209]Wu K C, Chen Y Y, Yip P S. Suicide methods in Asia：Implications in suicide prevention[J]. International Journal of Environmental Research & Public Health, 2012, 9(4)：1135.

[210]D J Z P, Jia S, Wieczorek W F, et al. An overview of suicide research in China[J]. Archives of Suicide Research, 2002, 6(2)：167-184.

[211]Phillips M R, Yang G, Zhang Y, et al. Risk factors for suicide in China：A national case-control psychological autopsy study[J]. Lancet, 2002, 360(9347)：1728-1736.

[212]Bird M L, Pittaway J K, Cuisick I, et al. Age-related changes in physical fall risk factors：Results from a 3 year follow-up of community dwelling older adults in Tasmania, Australia[J]. International Journal of Environmental Research & Public Health, 2013, 10(11)：5989-5997.

［213］尹平，刘筱娴．儿童及青少年的意外跌落伤害［J］．中国社会医学杂志，2000（3）：109-112.

［214］杜斌，俞民，董亚南．婴幼儿急性颅脑损伤的特点与治疗（附 46 例临床分析）［J］．中国全科医学，2008，11（19）：1789-1790.

［215］Shen M, Wang Y J, Zhang D K. Trends of unintentional fall related death during 1987—2008 in Macheng city［J］. Chinese Journal of Public Health, 2012, 28 (9)：1213-1215.

［216］于洋．医院五年间致死性跌落伤的流行病学特征分析［D］．沈阳：中国医科大学，2002.

［217］江莉莉，宋桂香，孙亚玲，等．上海市意外跌落死亡的流行病学分析［J］．中国卫生统计，2003，20（2）：84-86.

［218］李思杰，段蕾蕾．儿童跌落伤害预防研究进展［J］．中国健康教育，2010，26（11）：873-876.

［219］Spiegel C N, Lindaman F C. Children can't fly：A program to prevent childhood morbidity and mortality from window falls［J］. American Journal of Public Health, 1978, 67（12）：1143-1147.

［220］黄红儿，刘世友．上海市宝山区 2001 年意外跌落死亡的流行病学分析［J］．华南预防医学，2003，29（5）：37-38.

［221］刘娜，杨功焕，马杰民，等．392 例意外跌落流行病学分析［J］．中国公共卫生，2004，20（7）：854-855.

［222］江莉莉，宋桂香，孙亚玲，等．2001 年上海市居民意外跌落死亡者流行病学分析［J］．预防医学论坛，2003，9（1）：92-93.

［223］Kalache A, Fu D, Yoshida S, et al. World Health Organisation Global Report on falls prevention in older age［J］. World Health Organisation, 2007.

［224］杨红霞，吕美娜．老年人跌倒的危险因素分析及干预措施［J］．解放军医药杂志，2012，24（6）：70-73.

［225］Wang J, Chen Z, Song Y. Falls in aged people of the Chinese mainland：Epidemiology, risk factors and clinical strategies［J］. Ageing Research Reviews, 2010（9 Suppl 1）：S13-S17.

[226] Moylan K C, Binder E F. Falls in older adults: Risk assessment, management and prevention[J]. American Journal of Medicine, 2007, 120(6): 491-493.

[227] Hong L Y, Xiang S G, Yan Y U, et al. Study on age and education level and their relationship with fall-related injuries in Shanghai, China[J]. 生物医学与环境科学, 2013, 26(2): 79-86.

[228] Yoshida S. A global report on falls prevention: Epidemiology of falls[J]. World Health Organisation, 2007.

[229] 高丽华, 荣艳, 李雪菲. 根本死因填报中存在的问题分析[J]. 航空航天医学杂志, 2013, 24(6): 723-724.

[230] Hu G, Baker S P. An explanation for the recent increase in the fall death rate among older Americans: A subgroup analysis[J]. Public Health Reports, 2011, 127(127): 275-281.

[231] 郑杨, 韩明, 蔡任之, 等. 1991—2013 年上海市老年人意外跌落死亡流行特征及趋势分析[J]. 现代预防医学, 2015, 42(8).

[232] 江莉莉, 宋桂香, 孙亚玲, 等. 上海市意外跌落死亡的流行病学分析[J]. 中国卫生统计, 2003(02): 21-23.

[233] 蔡砥, 林小慧. 城乡一体化地区 120 急救医疗站点设施区位分析——以广东省鹤山市为例[J]. 人文地理, 2009, 24(1): 4.

[234] 王伟雄, 刘坚义, 姚志挺. 城市多发伤院内死亡患者原因分析[J]. 中国急救医学, 2008, 28(3): 218-220.

[235] Hartholt K A, Polinder S, van Beeck E F, et al. End of the spectacular decrease in fall-related mortality rate: Men are catching up[J]. American Journal of Public Health, 2012, 102 Suppl 2(3): S207.

[236] Jaacks L M, Gordon-Larsen P, Mayer-Davis E J, et al. Age, period and cohort effects on adult body mass index and overweight from 1991 to 2009 in China: the China Health and Nutrition Survey[J]. International Journal of Epidemiology, 2013, 42(3): 828-837.

[237] 翟振武, 陈佳鞠, 李龙. 中国人口老龄化的大趋势、新特点及相应养老政策[J]. 山东大学学报(哲学社会科学版), 2016, 1(3): 27-35.

[238]Branche C M, Beeck E V. The Epidemiology of Drowning [M]. Berlin, Heidelberg: Springer-Verlag, 2006: 41-75.

[239]Prahlow J A, Byard R W. Drowning Deaths [M]. New York: Springer US, 2012: 693-714.

[240]Quan L, Cummings P. Characteristics of drowning by different age groups[J]. Injury Prevention Journal of the International Society for Child & Adolescent Injury Prevention, 2003, 9(2): 163.

[241]Fang Y, Dai L, Jaung M S, et al. Child drowning deaths in Xiamen city and suburbs, People's Republic of China, 2001—2005[J]. Injury Prevention, 2007, 13(5): 339.

[242]Steensberg J. Epidemiology of accidental drowning in Denmark 1989—1993[J]. Accident Analysis & Prevention, 1998, 30(6): 755-762.

[243]Petridou E, Klimentopoulou A. Risk factors for drowning[M]. // Bierens JJLM, Hg. Handbook on Drowning. Prevention, Rescue, Treatment. Berlin, Heidelberg: Springer-Verlag, 2006: 63-69.

[244]M P, K M, G S. The injury chart book: A graphical overview of the global burden of injuries[M]. Geneva: World Health Organization, 2002: 75.

[245]郭巧芝, 马文军. 溺水流行特征与预防控制研究进展[J]. 中华流行病学杂志, 2009, 30(12): 1311-1314.

[246]Lunetta P, Smith G S, Penttilä A, et al. Unintentional drowning in Finland 1970—2000: A population-based study [J]. International Journal of Epidemiology, 2004, 33(5): 1053-1063.

[247]Kao W C W. Association between drowning and urbanization, in Taiwan 1980—2010[D]. New York University, 2014.

[248]Das S, Majumder M, Roy D, et al. Determination of Urbanization Impact on Rain Water Quality with the Help of Water Quality Index and Urbanization Index [M]. Netherlands: Springer, 2010: 131-142.

[249]Organization W H. Global Report on Drowning: Preventing A Leading Killer [M]. World Health Organization, 2014.

[250]Jiang H, Room R, Hao W. Alcohol and related health issues in China: action needed[J]. The Lancet Global Health, 2015, 3(4): e190-e191.

[251]Howland J, Hingson R. Alcohol as a risk factor for drownings: A review of the literature (1950—1985)[J]. Accident Analysis & Prevention, 1988, 20(1): 19-25.

[252]Smith G S, Branas C C, Miller T R. Fatal nontraffic injuries involving alcohol: A metaanalysis[J]. Annals of Emergency Medicine, 1999, 33(6): 659-668.

[253]汪家文, 于晓军, 王晓雁. 溺死法医学鉴定的研究新进展[J]. 法医学杂志, 2008, V0(4): 276-279.

[254]Kao W C W. Association Between Drowning and Urbanization in Taiwan 1980—2010[D]. New York University, 2014.

[255]Rahman A, Mashreky S R, Chowdhury S M, et al. Analysis of the childhood fatal drowning situation in Bangladesh: Exploring prevention measures for low-income countries[J]. Injury Prevention Journal of the International Society for Child & Adolescent Injury Prevention, 2009, 15(2): 75-79.

[256]Kassebaum N J, Lopez A D, Murray C J, et al. A comparison of maternal mortality estimates from GBD 2013 and WHO [J]. Lancet, 2014, 384 (9961): 2209.

[257]Wang Z, Bao J, Yu C, et al. Secular trends of breast cancer in China, South Korea, Japan and the United States: Application of the age-period-cohort analysis [J]. International Journal of Environmental Research & Public Health, 2015, 12(12): 15409-15418.

[258]Wang Z, Hu S, Sang S, et al. Age-period-cohort analysis of stroke mortality in China[J]. Stroke, 2016.

# 后　记

回首三年的博士生活，百感交集，苦辣酸甜集结于心头，但心中充盈最多的仍是感激。感谢我的导师宇传华教授，在我攻读硕士和博士的五年时间里，不仅一直严格督促我增加理论深度，提高科研水平，还循序善诱，教导我如何应用科学的方法做学术研究，如何成为既有医学知识又有统计视野的科研工作者；衷心地感谢宇老师一直以来毫无保留地同我分享丰富的科研经验和人生阅历，这使我不仅学会了如何去做事，更学会了如何去做人。

感谢我国外的导师 Henry Xiang 教授，为我提供了赴美国俄亥俄州立大学进行博士联合培养的机会，并在学术和生活上为我提供一切力所能及的支持；衷心地感谢导师在我留学期间对我的严格要求、言传身教和悉心指导，不仅培养了我的科研能力，让我受益匪浅，还拓展了我的学术视野，使我认清了以后的努力方向。

感谢国家留学基金委对我的全额资助，使我有机会到世界一流的学府和科研机构进行深造和学术访问；在美国学习生活的日子里，每一天都是那么新鲜、快乐和充实，这段背起行囊奔赴异国他乡的求学经历注定是我人生路上的一笔宝贵财富。

感谢我的父母和家人一直以来的支持和鼓励；感谢你们对我三年来的付出和包容，使我能够心无挂碍，专心科研；更谢谢父母对我从小到大的养育和关爱，使我能够积极向上，乐观地面对一切困难。

感谢我的爱人何清女士一直以来的陪伴；谢谢你在我情绪低落时对我的鼓励，让我开开心心，重拾斗志；谢谢你在我研究繁忙时对我的理解，让我安安心心，勇往直前；更要谢谢你，一直等着我。

从 18 岁到 28 岁，我都潜心待在高校里学习和做研究，这是最青春自由的十年，而这本专著则是对这十年的一个最好的纪念和交代。

此致，敬礼。

王震坤

2022 年 4 月